微分方程式の解法

定松　隆・猪狩勝寿　共著

学術図書出版社

まえがき

　科学および工学において，種々の現象に関する法則や仮説を数式で表すとしばしば微分方程式が登場する．これら微分方程式の解を求め，その解の意味を検討することは問題とする現象の解明に大きな手がかりを与える．

　たとえば，人工衛星の軌道，回路を流れる電流，車体や建物の振動，生物の個体数の変化など，数多くの問題に微分方程式は関係している．このような理由から，理工学の多くの分野において，微分方程式は専門基礎教育科目の中心に位置づけられている．

　微分方程式は種々の現象に応じて現れるので，その式の形はさまざまである．微積分の知識を活用しながら，微分方程式の解を求める方法を学ぶことが本書の目的である．

　本書は4つの章，20の節と解答からなる．各節は「要点」,「例」と「問題」で構成される．「要点」では，その節で学ぶ用語の説明と考え方を簡潔に説明する．「例」では考え方・解き方を具体例に則して解説する．とくに応用例では，〈式のたて方〉，〈方程式の解き方〉，〈解の検討〉について丁寧に説明する．「問題」には，その節で学んだことより容易に解ける問題，やや発展的な問題を集めた．

　解く力をつけるためには，問題を自力で解くことが何よりも大切である．また，復習の際は，解答を見ないで例を自分で解いてみるのも有効であろう．また，用語(概念)を正しく理解し，方程式をみる力を養うことも当然大切である．

　本書の特徴は例で学びながら，微分方程式に親しみ，自然に解き方を身につけることにある．そのため，一般的な記述はなるべく少なくした．微分方程式については，すでに多くの名著が刊行されており，さらに進んで学びたい方はそれらに挑戦していただきたい．

1998年1月
著　者

◇ 目　　次 ◇

第 1 章　1 階の微分方程式　　1
- 1.1　基本概念 ……………………………… 1
- 1.2　変数分離形の方程式 ………………… 6
- 1.3　線形方程式 …………………………… 14
- 1.4　完全形の方程式 ……………………… 24
- 1.5　図形解法 ……………………………… 29
- 1.6　応用例 ………………………………… 33
- 1.7　補　足 ………………………………… 40

第 2 章　線形微分方程式　　45
- 2.1　基本概念 ……………………………… 45
- 2.2　線形斉次方程式 ……………………… 47
- 2.3　線形非斉次方程式 …………………… 54
- 2.4　特殊解を簡単に求める方法 ………… 59
- 2.5　演算子法 ……………………………… 65
- 2.6　応用例 ………………………………… 74
- 2.7　境界値問題 …………………………… 85

第 3 章　微分方程式系　　88
- 3.1　基本概念 ……………………………… 88
- 3.2　1 階の線形微分方程式系 …………… 92
- 3.3　自律系 ………………………………… 98
- 3.4　2 階の線形微分方程式系 …………… 108

第 4 章　ラプラス変換　　115
- 4.1　ラプラス変換 ………………………… 115
- 4.2　ラプラス逆変換 ……………………… 119
- 4.3　微分方程式への応用 ………………… 123
- 4.4　デルタ関数 …………………………… 134

解　答　　143

第1章

1階の微分方程式

1.1 基本概念

【要点】

1. 変数 x とその関数 $y = y(x)$,導関数 $y' = y'(x)$ に関する等式を**微分方程式**という.一般的には

$$F(x, y, y') = 0 \tag{1}$$

あるいは y' について解いた形で

$$y' = f(x, y) \tag{2}$$

と表す.

例: $y' - ky = 0, \quad k:$ 定数

2. 関数 $y = y(x)$ を代入したとき,

$$F(x, y(x), y'(x)) = 0 \quad \text{あるいは} \quad y'(x) = f(x, y(x))$$

が x について恒等的になりたつとき,$y(x)$ を (1) あるいは (2) の**解**であるという.

例: $y = e^{kx}$ は上の例の解.

3. 微分方程式は一般に任意定数を含む解をもつ．そのような解を**一般解**という．

例： C を任意定数とする．$y = Ce^{kx}$ は上の例の一般解．

4. 任意定数は次の形の条件により 1 つに (一意に) 決まる．

$$y(a) = b \tag{3}$$

この形の条件は**初期条件**とよばれる．また，初期条件を満たす微分方程式の解を求める問題を**初期値問題**という．

例： 初期条件 $y(0) = 2$ を満たす上の例の解は $y = 2e^{kx}$.

【 例 】

例 1 k はある定数，C は任意定数とする．関数 $y = Ce^{kx}$ は微分方程式

$$y' - ky = 0 \tag{4}$$

の一般解であることを確かめよ．また初期条件

$$y(0) = y_0, \quad y_0 : 定数 \tag{5}$$

を満たす解を求めよ．

解 $y = Ce^{kx}$ を代入すると

$$y' - ky = Cke^{kx} - kCe^{kx} = 0.$$

したがって，方程式 (4) の解 (一般解) である．
また，初期条件 (5) より，

$$y(0) = C = y_0$$

だから，求める解は $y = y_0 e^{kx}$ となる．

注 方程式 (4) は $y = Ce^{kx}$ 以外に解をもたない．なぜなら，$y = y(x)$ を方程式 (4) の任意の解とし，両辺に e^{-kx} をかけると

$$y'(x)e^{-kx} - ky(x)e^{-kx} = (y(x)e^{-kx})' = 0.$$

したがって，$y(x)e^{-kx} =$ 定数．この定数を C とおくと，$y(x) = Ce^{kx}$ と表される．

例2 具体的な例として人口の増え方について考えてみよう．人口増減の要因は非常に複雑であるが，ここでは簡単に，"人口の増える速さはそのときの人口に比例する"ものとする (仮説)．時間を t，人口を $p(t)$ で表そう．人口の単位をたとえば百万人とすれば，$p(t)$ は小数点以下 6 桁の数を値にとる関数である．簡単のために，$p(t)$ は微分可能な関数とみなそう．すると，仮説は

$$\frac{dp}{dt} = kp, \qquad k : 比例定数 \tag{6}$$

と表せる．また，$t = 0$ のときの人口を p_0 とすれば

$$p(0) = p_0 \tag{7}$$

したがって，文字は異なるが内容は例 1 と同じなので，(6) の一般解は $p(t) = Ce^{kt}$ となり，さらに条件 (7) に代入して，$C = p_0$ を得る．したがって，時刻 t での人口は

$$p(t) = p_0 e^{kt}$$

となる．この式は仮説が正しければ人口は指数関数的に増加することを示している．

注 この例のように，さまざまな現象における法則や仮説の数学的表現として微分方程式が登場する．そして微分方程式を解くことは現象を調べたり，予測したりするのに役立つ．

例3 C は任意定数とする．式

$$(x - C)^2 + y^2 = C^2 \tag{8}$$

で定まる x の関数 y は微分方程式

$$2xyy' + x^2 - y^2 = 0 \tag{9}$$

の一般解であることを確かめよ．また初期条件

$$y(1) = -3 \tag{10}$$

を満たす解を求めよ．

解　y を x の関数と考え，(8) の両辺を x で微分すると

$$2x - 2C + 2yy' = 0.$$

したがって，$2x^2 - 2Cx + 2xyy' = 0$. 一方，$x^2 - 2Cx + y^2 = 0$ だから，C を消去して

$$x^2 - y^2 + 2xyy' = 0.$$

つまり (8) で定まる y は (9) の解である．
また，(8) において，$x = 1, y = -3$ とすると，$1 - 2C + C^2 + 9 = C^2$，したがって，$C = 5$ となり，初期条件を満たす解は

$$(x-5)^2 + y^2 = 5^2.$$

別解　y を具体的に表して考える．$y = \pm\sqrt{C^2 - (x-C)^2}$ だから，$y' = \mp(x-C)/\sqrt{C^2 - (x-C)^2}$. したがって，

$$2xyy' + x^2 - y^2 = -2x(x-C) + x^2 - y^2 = -x^2 - y^2 + 2Cx = 0$$

となり，解であることがわかる．また，初期条件より

$$y(0) = \pm\sqrt{C^2 - (1-C)^2} = -3.$$

∴　± のうち − で，$C = 5$ となり，求める解は

$$y = -\sqrt{5^2 - (x-5)^2}.$$

注　「解」では $y = \sqrt{5^2 - (x-5)^2}$ も解に含めている．どちらが正しいかは，問題の背景に応じて，柔軟に判断すべきであろう．ここでは，とりあえずどちらも正しいとしておく．別解の方法は，具体的であるが，困難になることもある．

================ 問 題 **1.1** ================

問 1 関数 $y = Cx^2$ は微分方程式 $xy' - 2y = 0$ の一般解であることを確かめよ．また，初期条件 $y(1) = -1$ を満たす解を求めよ．

問 2 $(x+y)^3 = C(x-y)$ で定まる x の関数 $y = y(x, C)$ は微分方程式 $(2x-y)y' = -x + 2y$ の一般解であることを確かめよ．また，初期条件 $y(1) = 0$ を満たす解を求めよ．

問 3 関数 $y = 1/(C-x)$ は微分方程式 $y' - y^2 = 0$ の一般解であることを確かめよ．また，初期条件 $y(0) = 2$ を満たす解を求めよ．

1.2 変数分離形の方程式

【要点】

1. 次の形の方程式を**変数分離形の方程式**という．

$$y' = f(x)g(y) \tag{1}$$

右辺が x の関数と y の関数の積になっている ($y' = g(y)$ も変数分離形の特別な場合である)．

2. 解法：まず，$g(y) \neq 0$ として

$$\frac{1}{g(y)}y' = f(x)$$

と変形する．左辺は積分 $\int \frac{1}{g(y)}dy$ を $y = y(x)$ との合成関数と考え，x で微分したものであるから，

$$\frac{d}{dx}\int \frac{1}{g(y)}dy = f(x).$$

したがって，

$$\int \frac{1}{g(y)}dy = \int f(x)dx + C, \qquad C：任意定数 \tag{2}$$

この式できまる x の関数 $y = y(x)$ が方程式 (1) の一般解である[1]．
また，$g(b) = 0$ なる b があれば

$$y = b \tag{3}$$

も方程式 (1) の解 (定数解) になる．この解は上に求めた一般解に含まれないことがあるので，かならず調べる必要がある．

3. 次の形に変形できる方程式を**同次形の方程式**という．

$$y' = f\left(\frac{y}{x}\right) \tag{4}$$

---

[1] 陰関数の定理：$F(x,y)$ は C^1 級の関数で $F(a,b) = 0, (\partial F/\partial y)(a,b) \neq 0$ を満たすとする．このとき，$F(x,y) = 0$ を満たす関数 $y = y(x)$ で $y(a) = b$ となるものが $x = a$ の近くでただ 1 つ存在する．

この方程式は変数分離形に帰着して解くことができる．実際，未知関数 y を

$$u = \frac{y}{x} \tag{5}$$

により u に変更すると $\frac{dy}{dx} = u + x\frac{du}{dx}$ だから，方程式は u についての微分方程式

$$xu' = f(u) - u$$

に変換される．これは変数分離形であり，上記の方法で u を求め，$y = xu$ とすれば，(4) の一般解が得られる．

【 例 】

例 1 次の微分方程式を解け[2]．

$$y' = y^2$$

解 $f(x) = 1$, $g(y) = y^2$ に相当し変数分離形である．$y \neq 0$ として

$$\frac{1}{y^2} y' = 1.$$

左辺は $\int \frac{1}{y^2}\,dy$ を $y = y(x)$ との合成関数と見て x で微分したものだから，

$$\frac{d}{dx} \int \frac{1}{y^2}\,dy = 1.$$

したがって，$-1/y = x - C$．よって一般解

$$y = \frac{1}{C - x}, \qquad C : 任意定数$$

が得られる．また，$y = 0$ も解 (定数解) である．これは上の解に含まれない．

---

[2] 1 節 問 3 参照

例 2 次の微分方程式の一般解を求めよ．
$$y' = 2xy$$

解 $y \neq 0$ として
$$\frac{y'}{y} = 2x.$$

左辺は $\displaystyle\int \frac{1}{y} dy = \log|y|$ を $y = y(x)$ との合成関数と見て x で微分したものだから，
$$\frac{d}{dx} \log|y| = 2x.$$

したがって，$\log|y| = x^2 + C_1$，したがって，
$$y = \pm e^{x^2 + C_1} = \pm e^{C_1} e^{x^2}.$$

よって，$C = \pm e^{C_1}$ と表して，一般解
$$y = Ce^{x^2}, \qquad C: \text{任意定数}$$

が得られる．また，$y = 0$ も解であるが，これは上の解の $C = 0$ の場合である．

例 3 次の初期値問題を解き，解のグラフの概形を描け[3]．ただし，$0 < \alpha < 1$ とする．
$$y' = y(1-y), \qquad y(0) = \alpha$$

解 これも変数分離形である．$y \neq 0, 1$ として，
$$\frac{1}{y(1-y)} y' = 1.$$

左辺は $\displaystyle\int \frac{1}{y(1-y)} dy$ を $y = y(x)$ との合成関数と見て x で微分したものだから
$$\frac{d}{dx} \int \frac{1}{y(1-y)} dy = 1.$$

---
[3] 一般に $y' = ay - by^2$ をロジスティック方程式という．

したがって，
$$\int \frac{1}{y(1-y)} dy = x + C_1.$$
部分分数分解により $\frac{1}{y(1-y)} = \frac{1}{y} + \frac{1}{1-y}$. したがって，
$$\log|y| - \log|1-y| = x + C_1.$$
左辺 $= \log|y/(1-y)|$ だから
$$\frac{y}{1-y} = \pm e^{x+C_1} = \pm e^{C_1} e^x$$
$\pm e^{C_1} = C$ とおくと $y = (1-y)Ce^x$ となり，一般解
$$y(x) = \frac{Ce^x}{1+Ce^x}, \qquad C：任意定数$$
が得られる．また，$y = 0, 1$ も解である．$y = 0$ は上の解の $C = 0$ の場合であるが，$y = 1$ は上の解には含まれない．

次に初期条件より，$y(0) = C/(1+C)$ だから，$C = \alpha/(1-\alpha)$ となり，求める初期値問題の解は
$$y(x) = \frac{\alpha e^x}{1 - \alpha + \alpha e^x}$$
$0 < \alpha < 1$ だから $0 < y(x) < 1$．また $y(x)$ が単調増加関数であることも容易に確かめられる．さらに，$x \to \infty$ のとき $y \to 1$, $x \to -\infty$ のとき $y \to 0$ である．以上のことを考慮し，$\alpha = 0.3$ のとき，グラフの概形を描くと図 1.1 のようになる．

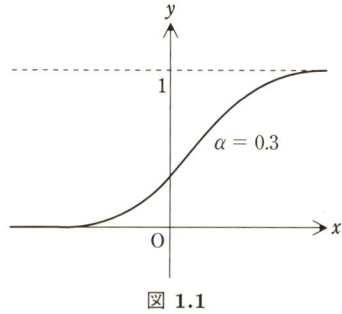

図 **1.1**

例 4 次の微分方程式の一般解を求めよ[4]

$$y' = \frac{-x^2 + y^2}{2xy}$$

解 $\dfrac{-x^2+y^2}{2xy} = \dfrac{-1+(y/x)^2}{2(y/x)}$ と書けるから同次形である．$y = xu$ とおき，未知関数を $y(x)$ から $u(x)$ へ変更する．$dy/dx = u + xdu/dx$ だから u についての方程式に直すと

$$x\frac{du}{dx} = \frac{-1+u^2}{2u} - u = -\frac{u^2+1}{2u}.$$

これは変数分離形だから

$$\frac{2u}{u^2+1}u' = -\frac{1}{x}.$$

左辺 $= \dfrac{d}{dx}\displaystyle\int \dfrac{2u}{1+u^2}du$ だから，積分して

$$\log(u^2+1) + \log|x| = C_1.$$

したがって，$(1+u^2)x = (x^2+y^2)/x = \pm e^{C_1}$ となり，$\pm e^{C_1} = 2C$ とおくと一般解

$$x^2 + y^2 = 2Cx, \qquad C : 任意定数$$

が得られる．これは $(x-C)^2 + y^2 = C^2$ とも表せる．$C = \pm 1, \pm 2, \pm 3$ としたときのグラフを描くと図 1.2 のようになる．

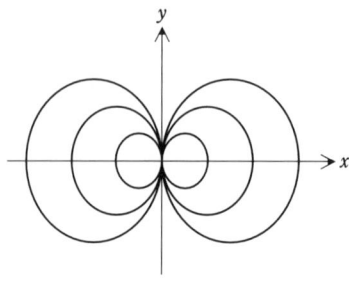

図 **1.2**

---

[4] この例は，節 1 の例 3 と同じで，ここでは微分方程式から一般解 (円の集まり) を求める．

例5 次の微分方程式の解で $x=1$ で $y=0$ となるものを求め，そのグラフの概形を描け．
$$\frac{dy}{dx} = \frac{3x+y}{x-3y}.$$

解 $\dfrac{3x+y}{x-3y} = \dfrac{3+y/x}{1-3y/x}$ と書けるから同次形である．$u=y/x$ とおき，未知関数を $y(x)$ から $u(x)$ へ変更する．$dy/dx = u + xdu/dx$ だから u についての方程式に直すと
$$x\frac{du}{dx} = \frac{3+u}{1-3u} - u = \frac{3+3u^2}{1-3u}$$
これは変数分離形だから
$$\frac{1-3u}{u^2+1}u' = \frac{3}{x}.$$
したがって，
$$\int \frac{1-3u}{u^2+1}du = 3\log|x| + C.$$
ところで
$$\int \frac{1}{1+u^2}du = \arctan u, \qquad \int \frac{2u}{1+u^2}du = \log(1+u^2)$$
であるから
$$\arctan u - \frac{3}{2}\log(1+u^2) - 3\log|x| = C$$
$(3/2)\log(1+u^2) + 3\log|x| = (3/2)\log(x^2+y^2)$ に注意すると，一般解
$$\arctan\frac{y}{x} - \frac{3}{2}\log(x^2+y^2) = C, \qquad C：任意定数$$
が得られる．条件より，$x=1$ で $y=0$ だから $C=0$ となり，求める解は
$$\arctan\frac{y}{x} - \frac{3}{2}\log(x^2+y^2) = 0.$$
ところで，極座標を用いると $y/x = \tan\theta$, $x^2+y^2 = r^2$ だから
$$\theta = 3\log r \qquad あるいは \qquad r = e^{\theta/3}.$$
つまり，解は図1.3のように対数螺線 (logarithmic spiral) になる．

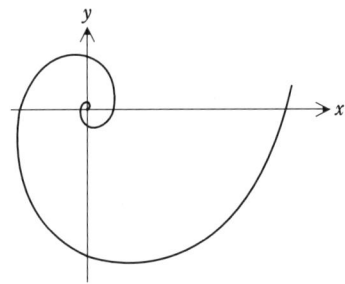

図 1.3

例 6 次の微分方程式の一般解を求めよ．
$$\frac{dy}{dx} = \frac{3x+y-2}{x-3y-4}$$

解 これは同次形ではないが，座標の平行移動により，同次形に帰着できる．
$$x = X + \alpha, \qquad y = Y + \beta$$
とおく．$dy/dx = dY/dX$ だから，方程式は
$$\frac{dY}{dX} = \frac{3X+Y+3\alpha+\beta-2}{X-3Y+\alpha-3\beta-4}$$
となる．そこで
$$3\alpha + \beta - 2 = 0, \qquad \alpha - 3\beta - 4 = 0$$
となるように α, β を選ぶと，つまり
$$\alpha = 1, \qquad \beta = -1$$
とすれば
$$\frac{dY}{dX} = \frac{3X+Y}{X-3Y}.$$
これは例5と同じ同次形方程式である．したがって，一般解は
$$\arctan \frac{Y}{X} - \frac{3}{2}\log(X^2+Y^2) = C.$$
元の座標に戻せば
$$\arctan \frac{y+1}{x-1} - \frac{3}{2}\log\{(x-1)^2 + (y+1)^2\} = C.$$

======================== 問　題　1.2 ========================

問 1　次の微分方程式の一般解を求めよ．
(1) $y' + a(x)y = 0$　　(2) $(1-x^2)y' + (1-y^2) = 0$
(3) $xyy' = (x+1)(y-1)$　　(4) $y' = 2xy^2 + y^2 + 2xy + y$
(5) $y' = \sqrt{y}$　　(6) $y' = \sqrt{1+y^2}$　　(7) $y' + xy(1+y^2) = 0$

問 2　次の微分方程式の一般解を求めよ．
(1) $\dfrac{dy}{dx} = \dfrac{x^2+y^2}{2xy}$　　(2) $(x^2 - xy)\dfrac{dy}{dx} = -y^2$
(3) $\dfrac{dy}{dx} = \dfrac{2x+y}{y}$　　(4) $\dfrac{dy}{dx} = \dfrac{x+2y}{2x+y}$

問 3　次の微分方程式の一般解を求めよ．
(1) $\dfrac{dy}{dx} = \dfrac{3x+y+2}{x-3y+4}$　　(2) $\dfrac{dy}{dx} = \dfrac{x-y-1}{x+y+3}$
(3) $\dfrac{dy}{dx} = \dfrac{2x-y+1}{x-2y-1}$　　(4) $\dfrac{dy}{dx} = \dfrac{3x-2y-2}{6x-4y+1}$

問 4　次の微分方程式を解け．
(1) $\dfrac{dy}{dx} = (y-x)^2$　（ヒント：$y-x=z$ とおく）
(2) $\dfrac{dy}{dx} = \dfrac{-x+y+1}{-x+y+2}$　（ヒント：$-x+y+1=z$ とおく）
(3) $xy' + y = e^{xy}$　　(4) $xy' - y = x^2 \sin x$

問 5　k を実数とする．次の初期値問題の解を求めよ．
$$xy' + ky = 1, \qquad y(1) = 0$$

問 6　次の初期値問題の解を求めよ．
(1) $\dfrac{dy}{dx} = \dfrac{-x+y}{x+y}, \quad y(1)=0$　　(2) $\dfrac{dy}{dx} = \dfrac{2x+y}{x}, \quad y(1)=0$

問 7　a, b, y_0 を正の定数とする．
$$\frac{dy}{dx} = ay - by^2, \quad y(0) = y_0$$
の解を $y(x)$ とする．次のことを示せ．
$$\lim_{x \to \infty} y(x) = \frac{a}{b}$$

1.3 線形方程式

【要 点】

1. 次の形の方程式を**線形方程式**という．

$$y' + a(x)y = f(x) \tag{1}$$

この式の左辺は y と y' について1次式である．

2. **解法1** (定数変化法[5])： $f(x) = 0$ の場合，$y' + a(x)y = 0$ は変数分離形であり，その一般解は

$$y = Ce^{-\int a(x)dx}, \quad C : 任意定数$$

である．定数 C を x の関数 $C(x)$ におき換え

$$y = C(x)e^{-A(x)}, \quad A(x) = \int a(x)dx$$

の形で (1) の解を求める[6]．方程式に代入すると，$y' = C'e^{-A(x)} - aCe^{-A(x)}$ より

$$C'e^{-A(x)} = f(x).$$

したがって，$C(x) = \int f(x)e^{A(x)}dx + C$ となるから，(1) の一般解

$$y = e^{-A(x)}\int e^{A(x)}f(x)dx + Ce^{-A(x)} \tag{2}$$

が得られる．

3. **解法2**： $A(x) = \int a(x)dx$ とおき (a が定数のときは $A(x) = ax$)，両辺に $e^{A(x)}$ をかける[7]．

$$e^{A(x)}y' + a(x)e^{A(x)}y = e^{A(x)}f(x)$$

---

[5] ラグランジュ(Lagrange) の定数変化法
[6] 未知関数を $y = wz$ とおく．方程式 (1) に代入すると $w'z + wz' + awz = f$ となる．そこで $w' + aw = 0$ なるように w を選ぶと，方程式は $w(x)z' = f(x)$ となる．
[7] 方程式の左辺にある関数 $v(x)$ をかけて $vy' + avy = (vy)'$ となるよう変形する．そのために，$(vy)' = v'y + vy'$ に注意して，$v' = av$ を満たすように v を選んだのが $v = e^{A(x)}$ である．

左辺は $(e^{A(x)}y)'$ に等しいので，積分すると
$$e^{A(x)}y = \int e^{A(x)} f(x) dx + C$$
となり，一般解 (2) が得られる．

4. (1) の 1 つの解 (特殊解という) $y_\mathrm{p}(x)$ が何らかの方法で求れば，一般解は
$$y = y_\mathrm{p}(x) + Ce^{-\int a(x) dx}, \quad C：任意定数 \tag{3}$$
で与えられる．第 2 項は $f(x) = 0$ の場合の一般解である．特殊解が視察，あるいは未定係数法 (解の形を予想し方程式に代入して係数を定める) で簡単に求められるとき有効である (例 1 参照)．

5. 次の形の方程式をベルヌーイ (Bernoulli) の方程式 という[8]．
$$y' + a(x)y = f(x)y^n \tag{4}$$
(解法 1) この方程式は線形方程式に帰着することができる．実際，両辺を y^n で割ると
$$y^{-n}y' + a(x)y^{1-n} = f(x).$$
$(y^{1-n})' = (1-n)y^{-n}y'$ に注意し，$z = y^{1-n}$ とおき未知関数を y から z に変更すると z についての微分方程式
$$z' + (1-n)a(x)z = (1-n)f(x)$$
が得られる．これは線形方程式であるから，これを解いて $y^{1-n} = z$ で y に戻せばよい．
(解法 2) 線形方程式の解法 2 と同様に $A(x) = \int a(x) dx$ とおき両辺に $e^{A(x)}$ をかける．
$$e^{A(x)}y' + a(x)e^{A(x)}y = e^{A(x)}f(x)y^n$$
左辺は $(e^{A(x)}y)'$ に等しいので，
$$(e^{A(x)}y)' = e^{A(x)}f(x)y^n = f(x)e^{(1-n)A(x)}(e^{A(x)}y)^n.$$

---

[8] $n \neq 0, 1$ とする．$n = 0, 1$ のときは線形である．

$z = e^{A(x)}y$ とおくと，z について変数分離形になる．z を求め，y に戻せばよい．

6. 次の形の方程式を**リッカチの方程式**という．

$$y' = a(x) + b(x)y + c(x)y^2 \tag{5}$$

右辺は y の 2 次式になっている[9]．これは重要な方程式であるが，一般には求積法[10]で解を求めることができない．しかし，何らかの方法で 1 つの解 φ が見つかれば，一般解が求められる．実際，$y = u + \varphi$ とおき方程式に代入すると，u についての方程式

$$u' = (b(x) + 2c(x)\varphi(x))u + c(x)u^2$$

が得られる．これはベルヌーイの方程式の $n = 2$ の場合であるから u が求まり，$y = u + \varphi$ に代入すれば一般解が求められる．

【 例 】

例 1 微分方程式 $y' = x + y$ の一般解を求めよ．

解 $y' - y = x$ だから，線形方程式である．定数変化法を用いよう．まず $y' - y = 0$ の一般解は $y = Ce^{-\int(-1)dx} = Ce^x$．定数 C を関数 $C(x)$ に換え，求める解を

$$y = C(x)e^x.$$

とおく．$y' = C'e^x + Ce^x$ だから

$$C'(x)e^x = x$$

したがって，部分積分を用いて計算すると

$$C(x) = \int xe^{-x}dx + C_1 = -xe^{-x} - e^{-x} + C_1$$

---

[9] $a = 0$ ならベルヌーイの方程式，$c = 0$ なら線形．また，係数 a, b, c がすべて定数なら変数分離形でもある．
[10] 式の変形，変数の変換，代数的演算，積分などを有限回用いて解を求めること

となり，一般解
$$y = -x - 1 + C_1 e^x$$
を得る．

別解 $y' - y = x$ だから，線形方程式である．解法 2 を用いよう．$a = -1$ だから $A(x) = -x$．両辺に e^{-x} をかける．$e^{-x}y' - e^{-x}y = (e^{-x}y)'$ だから
$$(e^{-x}y)' = xe^{-x}$$
したがって，部分積分を用いて計算すると
$$e^{-x}y = \int xe^{-x}dx + C_1 = -xe^{-x} - e^{-x} + C_1$$
となり，一般解
$$y = -x - 1 + C_1 e^x$$
を得る．

注 $y' - y = x$．方程式の形から，$y = -x + c$ の形の解があると予想される (c 定数)．代入すると
$$-1 - (-x + c) = x.$$
よって，$c = -1$ とすれば確かに解になる．よって，一般解は $y = -x - 1 + Ce^x$ であることがわかる (要点 4)．

例 2 微分方程式 $2xy' + 4y = x^2$ の一般解を求めよ．

解 $y' + \dfrac{2}{x}y = \dfrac{x}{2}$ だから，線形方程式である．定数変化法を用いよう．まず $y' + \dfrac{2}{x}y = 0$ の一般解は $y = Ce^{-\int (2/x)dx} = Ce^{-\log x^2} = Cx^{-2}$．定数 C を関数 $C(x)$ に換え，求める解を
$$y = C(x)x^{-2}$$
とおく．$y' = C'x^{-2} - 2Cx^{-3}$ だから
$$y' + \frac{2}{x}y = C'(x)x^{-2} = \frac{x}{2}.$$

したがって，$C'(x) = x^3/2$．積分して $C(x) = x^4/8 + C_1$．よって，一般解は
$$y = \frac{x^2}{8} + C_1 x^{-2}, \qquad C_1 : 任意定数$$

別解 $y' + \dfrac{2}{x}y = \dfrac{x}{2}$ だから，線形方程式である．解法 2 を用いよう．$a = 2/x$ だから $A = \displaystyle\int \frac{2}{x}dx = \log x^2$．両辺に $e^{\log x^2} = x^2$ をかける．$x^2 y' + 2xy = (x^2 y)'$ だから
$$(x^2 y)' = \frac{x^3}{2}$$

したがって，$x^2 y = \dfrac{x^4}{8} + C_1$ だから一般解
$$y = \frac{x^2}{8} + C_1 x^{-2}, \qquad C_1 : 任意定数$$

が得られる．

注 方程式 $y' + \dfrac{2}{x}y = \dfrac{x}{2}$ の形から，$y = cx^2$ の形の解があると予想される(c 定数)．代入すると
$$2cx + 2cx = \frac{x}{2}.$$

よって，$c = 1/8$ とすれば確かに解になる．よって，一般解は $y = x^2/8 + Cx^{-2}$ であることがわかる．

例 3 次の初期値問題を解け．ただし，a, A, k, α はすべて定数．
$$y' + ay = A\sin kx, \qquad y(0) = \alpha$$

解 定数変化法を用いて解こう．$y' + ay = 0$ を解くと $y(x) = Ce^{-ax}$．求める解を
$$y = C(x)e^{-ax}$$

とおき，方程式に代入する．$y' = C'e^{-ax} - aCe^{-ax}$ より
$$C'(x)e^{-ax} = A\sin kx.$$

したがって，
$$C(x) = A \int e^{ax} \sin kx \, dx$$
$$= Ae^{ax} \left(\frac{a}{a^2 + k^2} \sin kx - \frac{k}{a^2 + k^2} \cos kx \right) + C.$$

ゆえに，一般解は
$$y(x) = \frac{aA}{a^2 + k^2} \sin kx - \frac{kA}{a^2 + k^2} \cos kx + Ce^{-ax}, \qquad C : 任意定数$$

初期条件より
$$y(0) = \alpha = -\frac{kA}{a^2 + k^2} + C.$$

したがって，$C = \alpha + kA/(a^2 + k^2)$ となり求める解は
$$y(x) = \frac{aA}{a^2 + k^2} \sin kx - \frac{kA}{a^2 + k^2} \cos kx + \left(\alpha + \frac{kA}{a^2 + k^2} \right) e^{-ax}.$$

また，三角関数の合成を行うと
$$y(x) = \frac{A}{\sqrt{a^2 + k^2}} \sin(kx - \theta) + \left(\alpha + \frac{kA}{a^2 + k^2} \right) e^{-ax}.$$

ここで，$\theta = \arctan(k/a)$.

例 4 $x^2 y' - xy = y^2$ の一般解を求めよ．

解 $y' - x^{-1} y = x^{-2} y^2$ だからベルヌーイの方程式である[11]．解法1を適用する．両辺を y^2 で割ると
$$\frac{y'}{y^2} - \frac{1}{xy} = \frac{1}{x^2}.$$

$z = 1/y$ とおくと $z' = -y'/y^2$ だから
$$z' + \frac{z}{x} = -\frac{1}{x^2}.$$

これは線形の方程式である．$z' + z/x = 0$ の解は
$$z = C_1 e^{-\int (1/x) dx} = C_1 e^{-\log |x|} = \frac{C}{x}.$$

---

[11] 同次形でもある．

ここで $C = \pm C_1$. 定数変化法を適用し,定数 C を関数 $C(x)$ でおき換え,
$$z = \frac{C(x)}{x}$$
とおく. $z' = C'(x)/x - C(x)/x^2$ だから,方程式に代入すると
$$\frac{C'(x)}{x} = -\frac{1}{x^2}.$$
ゆえに $C(x) = -\log|x| + C_2$. したがって,$z = (-\log|x| + C_2)/x$. $y = 1/z$ だから求める一般解は
$$y(x) = \frac{x}{C_2 - \log|x|}, \qquad C_2 : 任意定数$$

別解 $y' - x^{-1}y = x^{-2}y^2$ だからベルヌーイの方程式である. 解法 2 を適用する. $a(x) = -1/x$. よって,$A(x) = -\log|x|$. $e^{A(x)} = e^{-\log|x|} = 1/|x|$. 両辺に $1/x$ をかけると
$$\frac{y'}{x} - \frac{y}{x^2} = \frac{d}{dx}\frac{y}{x} = \frac{y^2}{x^3} = \frac{1}{x}\left(\frac{y}{x}\right)^2.$$
$z = y/x$ とおくと
$$z' = \frac{z^2}{x}.$$
これは変数分離形であり,
$$\frac{z'}{z^2} = -\frac{d}{dx}\frac{1}{z} = \frac{1}{x}.$$
したがって,$1/z = -\log|x| + C$. $y = xz$ だから求める一般解は
$$y = \frac{x}{-\log|x| + C}, \qquad C : 任意定数$$

例 5 $\dfrac{dy}{dx} = x + \dfrac{y}{x} - \dfrac{y^2}{x}$ の一般解を求めよ.

解 リッカチの方程式である. まず 1 つの解を探そう. 方程式の形から多項式の解を探してみる. 簡単な試行で $y = x$ が解であることがわかる. そこで求める解を
$$y(x) = x + u(x)$$

とおき方程式に代入すると
$$\frac{du}{dx} + 1 = x + \frac{u}{x} + 1 - \frac{(x+u)^2}{x}.$$
だから，
$$\frac{du}{dx} = \left(-2 + \frac{1}{x}\right)u - \frac{1}{x}u^2.$$
これはベルヌーイの方程式である．解法1を用いる．両辺を u^2 で割ると
$$\frac{1}{u^2}\frac{du}{dx} + \left(2 - \frac{1}{x}\right)\frac{1}{u} = -\frac{1}{x}.$$
$z = \dfrac{1}{u}$ とおくと，$\dfrac{dz}{dx} = -\dfrac{1}{u^2}\dfrac{du}{dx}$ だから
$$\frac{dz}{dx} - \left(2 - \frac{1}{x}\right)z = \frac{1}{x}.$$
これは線形の方程式である．定数変化法を用いる．$\dfrac{dz}{dx} - \left(2 - \dfrac{1}{x}\right)z = 0$ の解は，$\displaystyle\int \left(2 - \frac{1}{x}\right)dx = 2x - \log|x|$ だから，
$$z(x) = C_1 e^{2x - \log|x|} = \pm C_1 \frac{e^{2x}}{x} = C\frac{e^{2x}}{x}.$$
ここで $C = \pm C_1$．定数 C を関数 $C(x)$ におき換え，求める解を
$$z = C(x)\frac{e^{2x}}{x}$$
とおく．方程式に代入すると
$$C'(x)\frac{e^{2x}}{x} = \frac{1}{x}.$$
したがって，
$$C(x) = -\frac{1}{2}e^{-2x} + C.$$
ゆえに，線形の方程式の一般解は
$$z(x) = \frac{1}{x}\left(Ce^{2x} - \frac{1}{2}\right).$$

$y = x + u = x + 1/z$ だから,求める一般解は

$$y = x\left\{1 + \left(Ce^{2x} - \frac{1}{2}\right)^{-1}\right\} = x\frac{Ce^{2x} + 1/2}{Ce^{2x} - 1/2}$$

======================== 問 題 1.3 ========================

問 1 次の微分方程式の一般解を求めよ.
(1) $y' + 2y = x$ (2) $y' + 2y = \sin x$ (3) $2xy' + y = x$
(4) $y' - xy = x^3$ (5) $y' + 3y = xy^2$

問 2 次の初期値問題の解を求めよ.
(1) $y' + 2y = \sin x$, $y(0) = 0$ (2) $2xy' + y = x$, $y(1) = 2$
(3) $y' - y = x/y$, $y(0) = 1$

問 3 次の微分方程式の一般解を求めよ.
(1) $xy' - y = \log x$ (2) $y' + 2y = e^{-2x}$ (3) $xy' - y = x^2 \sin x$
(4) $xy' + y = x\log x$ (5) $xy' = y + xy^2$ (6) $y' + y = xy^3$
(7) $xy' - y = x^2 - y^2$ (8) $2yy' = x - y^2$

問 4 微分すると,元の関数に等しい関数を求めよ.

問 5 $x \geqq 0$ において,次の初期値問題の解を求めよ.

$$2yy' = y^2 - x + 1, \quad y(0) = 1$$

問 6 $x > 0$ において,次の初期値問題の解を求めよ.

$$x^2 y' + 2xy = \cos x, \quad y(\pi) = \frac{1}{\pi}$$

問 7 2つの初期値問題

$$\begin{aligned} y' + ay &= f(x), & y(0) &= b \\ y' + ay &= f(x) + \varepsilon, & y(0) &= b \end{aligned}$$

の解をそれぞれ $y(x), y_\varepsilon(x)$ で表す.$x \geqq 0$ で次の不等式がなりたつことを示せ.

$$|y_\varepsilon(x) - y(x)| \leqq \frac{|\varepsilon|}{a}.$$

ただし,a は正の定数.

問 8 a を正の定数とする．$dy/dx + ay = f(x)$, $y(0) = y_0$ の解を $y_0(x)$, $dy/dx + ay = f(x)$, $y(0) = y_1$ の解を $y_1(x)$ とすると，
$$\lim_{x \to \infty} |y_0(x) - y_1(x)| = 0$$
であることを示せ．

問 9 $\varepsilon > 0$ に対して，
$$f_\varepsilon(x) = \begin{cases} \dfrac{1}{\varepsilon} & 0 \leqq x < \varepsilon \\ 0 & x \geqq \varepsilon \end{cases}$$
と関数 $f_\varepsilon(x)$ を定義する．また初期値問題
$$y' + ay = f_\varepsilon(x), \quad y(0) = 0$$
の解を $y_\varepsilon(x)$ と表す．a は定数である．$x \geqq 0$ で

(1) $y_\varepsilon(x)$ を求めよ．　(2) $\displaystyle\lim_{\varepsilon \to +0} y_\varepsilon(x) = y(x)$ を求めよ．

問 10 a を定数とし，初期値問題
$$y' - y = e^{ax}, \quad y(0) = 0$$
の解を $y_a(x)$ で表す．

(1) $y_a(x)$ を求めよ．　(2) $\displaystyle\lim_{a \to 1} y_a(x) = y_1(x)$ を示せ．

1.4 完全形の方程式

【要点】

1. 関数 $F(x,y)$ に対して，等式
$$F(x,y) = C, \qquad C : 定数 \tag{1}$$
の定める曲線は等高線とよばれる (等圧線，等ポテンシャル線，等温線など)．

2. 式 (1) より定まる $y = y(x)$ は恒等的に $F(x,y(x)) = C$ を満たすから，x で微分すると
$$F_x(x,y) + F_y(x,y)y' = 0 \tag{2}$$
を満たすことがわかる．ここで $F_x = \partial F/\partial x, F_y = \partial F/\partial y$．これは微分方程式である．

3. 逆に (2) を満たす $y = y(x)$ に対し，$F(x,y(x))$ は定数となる．つまり，微分方程式 (2) の解は (1) で与えられる．方程式 (2) は完全形の微分方程式とよばれる．なお，左辺はベクトル (F_x, F_y) とベクトル $(1, y')$ との内積だから，方程式 (2) の解の接線は各点 (x,y) でベクトル (F_x, F_y) と直交することがわかる．

4. 微分方程式が
$$f(x,y) + g(x,y)y' = 0 \tag{3}$$
の形で与えられたとする．この方程式が完全形であるための，つまり $F_x(x,y) = f(x,y), F_y(x,y) = g(x,y)$ を満たす $F(x,y)$ が存在するための必要十分条件は
$$f_y(x,y) = g_x(x,y) \tag{4}$$
が成立することである (例 2 参照)．

5. 実際，方程式 (3) がこの条件を満たすとき，
$$F(x,y) = \int_a^x f(x,b)dx + \int_b^y g(x,y)dy \tag{5}$$

とおけばよく，$F(x,y) = C$ が一般解になる．なお，(a,b) は適当にとればよい．また，右辺の第1項で y 座標が b に固定されていること，および第2項での積分は x を止めて y についての積分であることに注意されたい．

注　方程式 (3) は，しばしば次の形で書かれる．

$$f(x,y)dx + g(x,y)dy = 0 \tag{6}$$

【 例 】

例1　微分方程式

$$(x+y) + (x-y)y' = 0$$

が完全形であることを確かめ，一般解を求めよ．

解　$f = x+y, g = x-y$ とおくと，$f_y = 1, g_x = 1$ だから，条件 (4) より，この方程式は完全形である．$(a,b) = (0,0)$ ととれば，

$$F = \int_0^x x\,dx + \int_0^y (x-y)\,dy = \frac{x^2}{2} + xy - \frac{y^2}{2}$$

となり，したがって，一般解は

$$\frac{x^2}{2} + xy - \frac{y^2}{2} = C$$

で与えられる．解であることを確認しよう．y を x の関数と見て，両辺を x で微分すると $x + y + xy' - yy' = 0$ となるから確かに方程式を満たす．

注　この微分方程式は

$$y' = \frac{x+y}{-x+y}$$

とも表せるから，同次形の方程式でもある．

例 2 条件 (4) は，方程式 (3) が完全形であるための，必要十分条件であることを示せ．

解 微分方程式 (3) が完全形であるとする．このとき
$$F_x(x,y) = f(x,y), \quad F_y(x,y) = g(x,y)$$
を満たす $F(x,y)$ がある．$F_{xy} = F_{yx}$ より
$$f_y(x,y) = g_x(x,y).$$
つまり (4) がなりたつ．

逆に，(4) が成立するとする．$F(x,y)$ が (5) で与えられるとき，
$$F_x(x,y) = f(x,y), \quad F_y(x,y) = g(x,y)$$
がなりたつことを示す．まず，$F_y = g$ は明らかである．また (4) を用いると
$$\begin{aligned}F_x(x,y) &= f(x,b) + \int_b^y g_x(x,y)dy \\ &= f(x,b) + \int_b^y f_y(x,y)dy \\ &= f(x,b) + f(x,y) - f(x,b) = f(x,y)\end{aligned}$$
となる．以上で証明された．

別 解 十分条件であることを発見的に示そう．
$$F_x(x,y) = f(x,y), \quad F_y(x,y) = g(x,y)$$
を満たす $F(x,y)$ を求める．まず，第 2 式より，
$$F = \int_b^y g(x,y)dy + C(x).$$
ここで，$C(x)$ は x の任意関数．この式を第 1 式に代入し，条件 (4) を用いると
$$\begin{aligned}F_x &= \int_b^y g_x(x,y)dy + C'(x) = \int_b^y f_y(x,y)dy + C'(x) \\ &= f(x,y) - f(x,b) + C'(x) = f(x,y)\end{aligned}$$

したがって，$C'(x) = f(x,b)$. $\therefore C(x) = \int_a^x f(x,b)\,dx + C(a)$ となり，$C(a) = 0$ とし

$$F(x,y) = \int_b^y g(x,y)dy + \int_a^x f(x,b)dx$$

とおけば，第1式も満たすことがわかる．

注　(5) の代わりに

$$F(x,y) = \int_a^x f(x,y)dx + \int_b^y g(a,y)dy \tag{7}$$

としてもよいことも同様にして確かめられる．

例3　変数分離形の方程式

$$y' - f(x)g(y) = 0$$

は完全形ではないが，$g(y) \neq 0$ として両辺を $g(y)$ で割ると，完全形になることを確かめ，一般解を求めよ．

解　$g(y)$ で割ると，

$$-f(x) + \frac{1}{g(y)}y' = 0.$$

$\dfrac{\partial}{\partial y}(-f(x)) = 0$, $\dfrac{\partial}{\partial x}\left(\dfrac{1}{g(y)}\right) = 0$ だから完全形である．したがって一般解は

$$-\int_a^x f(x)dx + \int_b^y \frac{1}{g(y)}dy = C, \quad C: \text{任意定数}$$

══════════════ 問　題　1.4 ══════════════

問1　次の微分方程式が完全形であることを確かめ，一般解を求めよ．
(1) $(x^2 - 2y) + (y^2 - 2x)y' = 0$　　(2) $(y - x^3)dx + (x - \cos y)dy = 0$
(3) $(x^2 + \log y)dx + \left(1 + \dfrac{x}{y}\right)dy = 0$

問 2 (5) の代わりに (7) としても，$F_x(x,y) = f(x,y)$, $F_y(x,y) = g(x,y)$ を満たすことを示せ．

問 3 次の微分方程式は完全形ではないが，両辺に y^{-3} をかけると完全形になることを確かめ，一般解を求めよ．

$$y\,dx - (2x + y^4)\,dy = 0$$

問 4 微分方程式 (3) が完全形ではないとき，

(1) もし $(f_y - g_x)/g$ が x のみの関数なら，両辺に $e^{\int (f_y - g_x)/g\,dx}$ をかけると，完全形になることを示せ．

(2) もし $(g_x - f_y)/f$ が y のみの関数なら，両辺に $e^{\int (g_x - f_y)/f\,dy}$ をかけると，完全形になることを示せ．

1.5　図形解法

【要点】

1. **微分方程式の幾何的意味：** 初期値問題

$$y' = f(x,y), \quad y(a) = \alpha \tag{1}$$

において，解 $y = y(x)$ は (x,y) 平面上の曲線をなす．この曲線上の任意の点 $(x, y(x))$ における傾きはその点における f の値 $f(x, y(x))$ に等しい．言い換えると，初期値問題 (1) の解を求めることは，点 (a, α) を通り，各点 (x,y) での傾きが $f(x,y)$ となる曲線を求めることである．

2. **オイラー法：** 微分方程式の幾何的意味を利用して，初期値問題 (1) の解を区間 $a \leqq x \leqq b$ で近似的に求める方法

- 自然数 N を適当に選び，$h = (b-a)/N$ とおく．
- $x_0 = a$, $y_0 = \alpha$ とおく．
- $k = 1, \cdots, N$ について，次式により，次々に (x_k, y_k) を定める．

$$x_k = x_{k-1} + h, \quad y_k = y_{k-1} + h f(x_{k-1}, y_{k-1})$$

- $N+1$ 個の点 (x_k, y_k) を折れ線で結ぶ (近似解曲線)．

3. **等傾斜線法：** 同じく，微分方程式の幾何的意味を利用して初期値問題 (1) の解を近似的に求めるもう 1 つの方法．

- 定数 C_i の値を幾通りか適当に選び，等高線

$$K_i : f(x,y) = C_i$$

を (x,y) 平面上に描く．

- 各等高線上に傾き C_i の小さな線分 (線素) をたくさん書き入れる．
- 点 (a, α) を通り，これらの線素を傾きにもつ曲線を描く (近似解曲線)．

【例】

例1 次の初期値問題をオイラー法で解いてみよう．

$$y' = y, \quad 0 \leqq x \leqq 1, \quad y(0) = 1.$$

$N = 5, h = 0.2$ として，$y_k = y_{k-1} + hy_{k-1}$ を用いて (x_k, y_k) を求めると次のようになる．なお，真の解は $y = e^x$ である．

k	x_k	y_k	hy_k	e^{x_k}
0	0	1	0.2	1
1	0.2	1.2	0.24	1.2214
2	0.4	1.44	0.288	1.4918
3	0.6	1.728	0.3456	1.8221
4	0.8	2.0736	0.41472	2.2255
5	1.0	2.4883	—	2.7183

また，折れ線および真の解のグラフは図1.4のようになる．

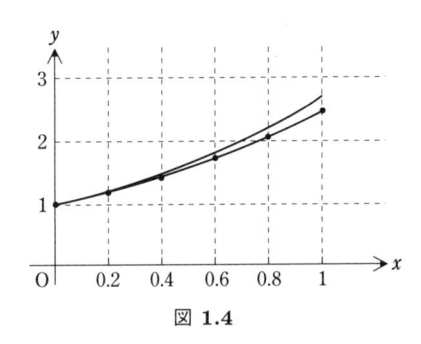

図 1.4

例2 次の初期値問題の解のグラフを等傾斜線法で描いてみる．

$$y' = x + y, \quad y(0) = 0$$

まず，$x + y = C$ のグラフを，$C = 0, \pm 1/2, \pm 1, \pm 2$ として描く．次に，それぞれのグラフ上に傾き C の線素を書き入れる．最後に，点 $(0, 0)$ を通り，これらの線素に接するように曲線を描く（図1.5）．（$x \to -\infty$ のとき，解は $y = -x - 1$ のグラフに漸近することが見てとれる．）

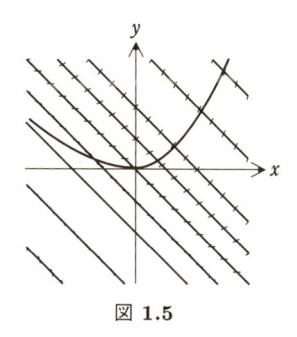

図 1.5

例 3 次の初期値問題の解のグラフを等傾斜線法で描いてみる.

$$y' = x + y^2, \quad y(0) = a$$

まず,$x + y^2 = C$ のグラフを,$C = 0, \pm 1/2, \pm 1, \pm 2$ として描く.次に,それぞれのグラフ上に傾き C の線素を書き入れる.最後に,点 $(0, a)$ を通り,これらの線素に接するように曲線を描く(図 1.6.$a = 1$ とした.$x \to -\infty$ のとき,解は $y = \sqrt{|x|}$ のグラフに漸近することが見てとれる).

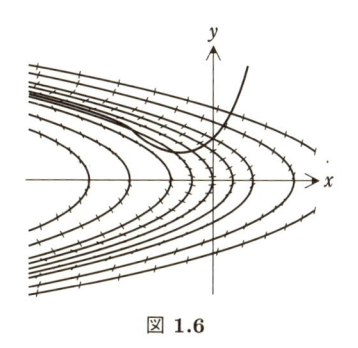

図 1.6

=========== 問 題 1.5 ===========

問 1 オイラー法を用いて,次の初期値問題の近似解を求めよ.($N = 5$ とする).
  (1) $y' = x - y, \quad 0 \leqq x \leqq 1, \, y(0) = 0$
  (2) $y' = -xy, \quad 0 \leqq x \leqq 1, \, y(0) = 1$

問 2 等傾斜線法を用いて，次の初期値問題の解のグラフを描け．また，$|x| \to \infty$ のときの，解の漸近形を調べよ．

(1) $y' = 1 - y$, $y(0) = 0$ (2) $y' = x^2 + y^2$, $y(0) = 0$

問 3 初期値問題
$$y' = \sin y, \quad y(0) = \frac{\pi}{3}$$
について，次の問に答えよ．

(1) 等傾斜線法により，解の概形を描け． (2) 真の解を求めよ．

1.6 応用例

【 例 】

例1 (放射性物質の崩壊) 放射性物質は，単位時間にその物質の現在量に比例 (比例定数 k) して減少する．放射性物質の量は時間とともにどのように減少するか．

解　〈式をたてる〉時刻 t でのこの放射性物質の量を $x(t)$ で表す．時刻 t から $t + \Delta t$ の間に減少する量は

$$kx(t)\Delta t.$$

一方，$t, t + \Delta t$ の間に減少する量は

$$x(t) - x(t + \Delta t).$$

したがって，

$$x(t) - x(t + \Delta t) = kx(t)\Delta t.$$

両辺を Δt で割って，$\Delta t \to 0$ とすると

$$\frac{dx}{dt} = -kx.$$

これは線形かつ変数分離形の微分方程式である．
〈方程式を解く〉$x \neq 0$ として両辺を x で割ると

$$\frac{1}{x}\frac{dx}{dt} = -k.$$

左辺は $\dfrac{d}{dt}\log|x|$ だから，$\log|x| = -kt + C_1$．したがって，$C = \pm e^{C_1}$ とおくと，

$$x = \pm e^{-kt+C_1} = Ce^{-kt}, \qquad C : 任意定数$$

$x = 0$ も解であるが，$C = 0$ の場合に相当する．$t = 0$ で放射性物質の量を x_0 とする．

$$x(0) = x_0$$

これより $C = x_0$ となるから，求める解は
$$x(t) = x_0 e^{-kt}.$$

〈解の検討〉放射性物質は指数関数的に減少することがわかる．また，放射性物質が半減するのに要する時間 (半減期) T は $(1/2)x(t_0) = x(t_0+T)$ より

$$\frac{1}{2} x_0 e^{-kt_0} = x_0 e^{-k(t_0+T)}$$

したがって，
$$T = \frac{1}{k} \log 2.$$

ゆえに，半減期は t_0 によらない定数で，比例定数 k から決まる．逆に比例定数 k は半減期 T によって決まる．

例 2 (**水位の変化**) 円筒形 (半径 R) の容器の底に小さな穴があいていて，水位に比例 (比例定数 k) して水が流れ出るものとする．この容器に単位時間あたり v_0 (一定) の水を入れる．入れ始めたときの水位を h_0 とする．時刻 t での水位 $x(t)$ を求めよ．

解 〈式をたてる〉時刻 t と $t+\Delta t$ との間に流入する水の量は $v_0 \Delta t$，流出する水の量は $kx(t)\Delta t$，増えた水の量は $\pi R^2 x(t+\Delta t) - \pi R^2 x(t)$ だから

$$\pi R^2 (x(t+\Delta t) - x(t)) = v_0 \Delta t - kx(t)\Delta t$$

両辺を Δt で割って $\Delta t \to 0$ とすると，

$$\pi R^2 \frac{dx}{dt} = v_0 - kx.$$

これは線形かつ変数分離形の微分方程式である．
〈方程式を解く〉$a = k/(\pi R^2)$, $b = v_0/(\pi R^2)$ とおくと

$$\frac{dx}{dt} + ax = b.$$

両辺に e^{at} をかける．

$$e^{at}\frac{dx}{dt} + ae^{at}x = \frac{d}{dt}(e^{at}x) = be^{at}.$$

したがって，次の一般解を得る．
$$x(t) = Ce^{-at} + \frac{b}{a}$$
また，$x(0) = h_0$ だから，$C = h_0 - b/a$ となる．よって，求める水位は
$$x(t) = \left(h_0 - \frac{v_0}{k}\right)e^{-kt/(\pi R^2)} + \frac{v_0}{k}.$$
〈解の検討〉時間とともに第1項は0に近づくから
$$\lim_{t \to \infty} x(t) = \frac{v_0}{k}$$
つまり水位は一定値 v_0/k に近づく．

例3 **(自由落下運動)** 質量 m の質点の自由落下運動において，速度に比例する空気抵抗を受けるとする (比例定数 k)．時刻 t での質点の速度 $v(t)$ を求めよ．

解 〈式をたてる〉鉛直下方を正の向きとする．質点に働く力は正の向きに mg，負の向きに kv だから，ニュートンの第2法則より
$$m\frac{dv}{dt} = mg - kv.$$
これは1階の微分方程式で，変数分離形であり，また線形でもある．
〈方程式を解く〉$a = k/m$, $b = g$ とおくと
$$\frac{dv}{dt} + av = b.$$
これは例2の方程式と全く同じであるから，一般解は
$$v(t) = Ce^{-kt/m} + \frac{mg}{k}.$$
初期速度を $v(0) = v_0$ とすると $C = v_0 - mg/k$. したがって，求める速度は
$$v(t) = \left(v_0 - \frac{mg}{k}\right)e^{-kt/m} + \frac{mg}{k}.$$
〈解の検討〉時間とともに第1項は0に近づくから，
$$\lim_{t \to \infty} v(t) = \frac{mg}{k}.$$
すなわち速度は一定値 mg/k に近づく．これは，たとえば，地表近くで雨がほとんど等速で降っていることの説明になる．

例4 初速度 v_0 で単位質量の物体を鉛直上方に投げ上げたとき，物体が最も高い位置に達するまでの時間を求めよ．ただし，空気の抵抗は物体の速度の 2 乗に比例 (比例定数 k) するものとし，物体は質点とみなす．

解 〈式をたてる〉鉛直上方を x 軸の正の向きとし，時刻 t での物体の位置を $x(t)$ で表す．物体に働く力は，鉛直下方に重力 g と抵抗力 $k(dx/dt)^2$ (物体が最高の位置に達するまで) である．したがって，ニュートンの第 2 法則より，運動方程式は $dx/dt \geqq 0$ の範囲で

$$\frac{d^2x}{dt^2} = -g - k\left(\frac{dx}{dt}\right)^2.$$

$v = dx/dt$ とおくと

$$\frac{dv}{dt} = -(g + kv^2).$$

これは変数分離形の微分方程式である．
〈方程式を解く〉積分すると

$$\sqrt{\frac{k}{g}} \tan^{-1} \sqrt{\frac{k}{g}} v = -kt + C.$$

$t = 0$ で $v = v_0$ とすると

$$C = \sqrt{\frac{k}{g}} \tan^{-1} \sqrt{\frac{k}{g}} v_0.$$

最高の位置に達する時刻を t_0 とすると，$v(t_0) = 0$ より

$$t_0 = \frac{1}{k} C = \frac{1}{\sqrt{kg}} \tan^{-1} \sqrt{\frac{k}{g}} v_0.$$

〈解の検討〉到達時間 t_0 は v_0 とともに増加するが，$\pi/(2\sqrt{kg})$ 未満である．

例5 **(曲線)** ある曲線上の任意の点 M における接線が x 軸と交わる点を N とすると，$\overline{\text{MN}} = \overline{\text{ON}}$ がなりたつという．このような曲線を求めよ．ただし，O は原点，$\overline{\text{MN}}, \overline{\text{ON}}$ はそれぞれ線分 MN, ON の長さを表す．

解 〈式をたてる〉求める曲線を $y = y(x)$ とする．点 $\mathrm{M} = (x, y(x))$ における接線の方程式は

$$Y - y(x) = y'(x)(X - x).$$

ゆえに点 N の座標は $(x - y/y', 0)$. したがって，

$$\overline{\mathrm{MN}} = \sqrt{\left(\frac{y}{y'}\right)^2 + y^2}, \qquad \overline{\mathrm{ON}} = \left|x - \frac{y}{y'}\right|$$

$\overline{\mathrm{MN}} = \overline{\mathrm{ON}}$ より

$$y^2 + \left(\frac{y}{y'}\right)^2 = \left(x - \frac{y}{y'}\right)^2.$$

これより

$$\frac{dy}{dx} = \frac{2xy}{x^2 - y^2}.$$

これは，同次形の微分方程式である．
〈方程式を解く〉$y = xu$ とおく．$y' = u + xu'$ だから

$$x\frac{du}{dx} = \frac{2u}{1 - u^2} - u = \frac{u^3 + u}{1 - u^2}.$$

これは変数分離形なので

$$\int \frac{u^2 - 1}{u^3 + u} du = -\log|x| + C_1.$$

部分分数分解をすると

$$\frac{u^2 - 1}{u^3 + u} = \frac{-1}{u} + \frac{2u}{u^2 + 1}$$

となる．したがって，

$$\log(1 + u^2) - \log|u| + \log|x| = C_1.$$

よって，$\log(1 + u^2)x^2/|xu| = C_1$ となり，$C = \pm e^{C_1}$ とおくと一般解

$$x^2 + y^2 = Cy, \qquad C : \text{任意定数}$$

を得る．また，$u=0$ つまり $y=0$ も解であるが，これは $C=0$ の場合に相当する．

〈解の検討〉求める曲線は，原点で x 軸に接する円である．$y=0$ は x 軸であり，題意には合わない．また以上の推論の仕方より，原点で x 軸に接する円以外に題意を満たす曲線はないこともわかる．

================= 問 題 1.6 =================

問 1 半減期が T_0 である放射性物質がはじめの量の $1/10$ になるまでの時間を求めよ．

問 2 時刻 t における人口 $x(t)$ の増加率 $x'(t)/x(t)$ は，飽和人口 a とその時刻での人口との差 $a-x(t)$ に比例するとする．時刻 $t=0, t_0$ でそれぞれ人口が $a/2, 2a/3$ であった．人口が $3a/4$ になる時刻を求めよ．ただし，$x(t)$ は微分できるものとする．

問 3 水滴 (球とする) は，その表面積に比例して蒸発する．$t=0$ で半径が r_0 の水滴が $t=t_1(>0)$ で半径が $r_1(<r_0)$ であった．水滴が完全に蒸発した時刻を求めよ．

問 4 半径 R の半球の容器に水が満たされている．底に穴があいていて水位に比例して水が流れ出る．水位が $R/2$ になったとき，水位の降下速度は v_0 であった．水が穴から流れ始めてから水がなくなるまでの時間を求めよ．

問 5 $dy/dx + a(x)y = f(x)$ の解曲線上の点 (x_0, y) における接線は y に無関係に1つの定点を通ることを示せ．ただし，$a(x_0) \neq 0$ とする．

問 6 (バクテリアの増殖) バクテリアは細胞分裂によって増殖する．増殖する速さはそのときのバクテリアの量に比例するという．比例定数を k，バクテリアの最初の量を a，時刻 t での量を $x(t)$ で表す．$x(t)$ を求めよ．また，30 分後にバクテリアの量が 2 倍になったとすると，1 日後には何倍になるか．

問 7 (冷却) 熱せられた物体は水の中で，物体の表面温度と水の温度の差に比例する速さで熱量を失い，冷やされるという．比例定数を k，物体の熱容量を A で表す．また，物体の温度は一様で，水の温度は一定 (T_a) であるとする．物体の最初の温度を T_0，時刻 t での温度を $T(t)$ で表す．$T(t)$ を求めよ．

問 8 (溶解) 1 リットルの水に質量 a の砂糖を入れる．砂糖の溶ける速さはそのときの「溶けずに残っている砂糖の量」と「砂糖の飽和量 − 溶けた砂糖の量」の積に比例するとする．比例定数を k，飽和量 (1 リットルの水に溶ける最大限の砂糖の質量) を b，時刻 t での砂糖の質量を $x(t)$ で表す．$x(t)$ を求めよ．

問 9 (換気) 単位時間あたり $a(\mathrm{g})$ の二酸化炭素が発生する部屋に，単位時間あたり $b(\ell)$ の清浄な空気を入れる．空気はよく混じりあって，単位時間あたり同じ量だけ部屋の外に排出される．部屋の容積を $V(\ell)$，時刻 t での二酸化炭素の濃度を $x(t)$ で表す．最初，二酸化炭素はなかったとし，$x(t)$ を求めよ．

問 10 初速度 v_0 で弾丸が厚さ H の壁に垂直に突入し，時間 T 後に速度 v_1 で壁から飛び出した．弾丸は壁の中では速度の 2 乗に比例する抵抗を受けるものとする．H を v_0, v_1, T で表せ．ただし，弾丸は単位質量の質点とみなす．

問 11 質量 m の小さな物体が一様な速度 v_0 の流体の中を流れる運動を考える．物体には物体の速度と流体の速度の差の 2 乗に比例 (比例定数 k) する抵抗が働くものとする．$t = 0$ で初速度 0 で物体を流れに入れたとする．物体の進んだ距離と物体の速度を t の関数として表せ．

問 12 次の 2 つの条件を満たす曲線 $y = y(x)$ を求めよ．ただし，O は原点を表す．

(1) 点 $\mathrm{A} = (0, 1)$ を通る．
(2) この曲線上の任意の点 P から x 軸に下ろした垂線の足を点 Q とする．弧 AP の長さは，弧 AP と線分 OA, OQ, PQ で囲まれた面積に等しい．

問 13 x 軸上を運動している単位質点が kv^3 (v: 速度, k: 比例定数) の抵抗を受けるものとする．$t = 0$ のとき，$x = 0$ で初速度 $v_0(> 0)$ とするとき，時刻 $t(> 0)$ における v と t を通過した距離 s で表せば

$$v = \frac{v_0}{1 + kv_0 s}, \quad t = \frac{s}{v_0} + \frac{1}{2}ks^2$$

であることを示せ．

問 14 船の速度が v であるとき，船が受ける水の抵抗力は $\alpha v + \beta v^2$ (α, β: 正定数) とする．速度 v_0 で動いていた船が $t = 0$ でエンジンを止めた．時刻 $t > 0$ での船の速度を求めよ．さらに，エンジンを止めてから船が停止するまでに船の走った距離を求めよ．ここで，船の質量は m で，船は直進するものとする．

問 15 (パラボラ・アンテナ) 曲線 $y = f(x)$ を y 軸を中心に回転してできる回転面を S とする．上方より y 軸に平行に入射する光線はすべて S で反射し，y 軸上の定点 A を通るという．このような曲線 $y = f(x)$ を求めよ．ただし，$f(0) = 0, \mathrm{A} = (0, a)$ とする．

1.7 補足

A. 1階の微分方程式と1パラメータ曲線群

微分方程式
$$F(x,y,y')=0 \tag{1}$$
の一般解を
$$f(x,y,C)=0 \tag{2}$$
とする.これは C をパラメータとする曲線群 (1パラメータ曲線群) を表す.

逆に,1パラメータ曲線群 (2) が与えられたとき,それを一般解にもつ微分方程式が対応する.実際,(2) において,y を x の関数と見て,両辺を x で微分すると,
$$f_x(x,y,C)+f_y(x,y,C)y'=0.$$
ここで,$f_x=\partial f/\partial x$, $f_y=\partial f/\partial y$. この式と (2) より C を消去すれば,x,y,y' の関係式 (微分方程式) が得られる.

以上のことを簡単に表せば

$$\text{1階の微分方程式} \quad \longleftrightarrow \quad \text{1パラメータ曲線群}$$

例1 放物線群 $y=Cx^2$ を一般解にもつ微分方程式を求めよ.

解 両辺を x で微分し
$$y'=2Cx.$$
この式と元の式とより C を消去する.$xy'=2Cx^2=2y$ だから
$$xy'-2y=0.$$
これが求める微分方程式.逆にこの微分方程式を解けば一般解 $y=Cx^2$ を得る.

問1 次の曲線群を一般解にもつ微分方程式を求めよ.
(1) $(x-C)^2+y^2=C^2$ (2) $y=Ce^{-x}$ (3) $x^2+y^2=C$

B. 直交曲線

曲線群
$$f(x, y, C) = 0 \tag{3}$$
を与えて，各点でこの曲線群と直交する曲線 (群) を求める問題を考える．

(3) を一般解にもつ微分方程式を
$$F(x, y, y') = 0 \tag{4}$$
とする．各点 (x, y) でこの式が定める傾きと
$$F\left(x, y, -\frac{1}{y'}\right) = 0 \tag{5}$$
が定める傾きの積は -1 となるから，(4) の解の表す曲線と (5) の解の表す曲線とは互いに直交する．したがって，(5) を解けば，(3) に直交する曲線が得られる．

例 2 放物線群 $y = Cx^2$ の直交曲線群を求めよ．

解 この放物線群を一般解にもつ微分方程式は
$$xy' - 2y = 0.$$
y' を $-1/y'$ でおき換え，
$$-\frac{x}{y'} - 2y = 0.$$
この式を解くと，$2yy' + x = 0$ より $y^2 + x^2/2 = C$ を得る．これが求める直交曲線群である (図 1.7)．

問 2 次の曲線群の直交曲線群を求めよ．
(1) $(x - C)^2 + y^2 = C^2$ (2) $y = Ce^{-x}$ (3) $x^2 + y^2 = C$

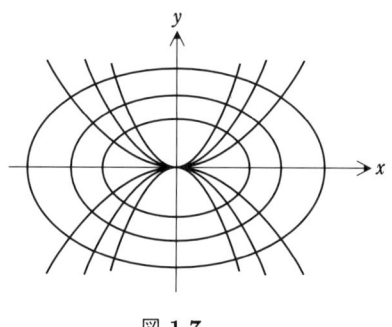

図 1.7

C. 逐次近似法

初期値問題
$$y' = f(x, y), \quad y(a) = b \tag{6}$$
について考える．

両辺を a から x まで積分し，初期値を代入すると
$$y(x) = b + \int_a^x f(x, y(x)) dx \tag{7}$$
この式は y についての積分方程式と呼ばれる．(7) を満たす $y(x)$ は逆に初期値問題 (6) の解になる．

関数列 $\{y_k(x)\}_{k=0,1,2,\cdots}$ を次のように決める．
$$y_0(x) = b$$
$$y_{k+1}(x) = b + \int_a^x f(x, y_k(x))\, dx, \qquad k = 0, 1, 2, \cdots$$

これを逐次近似列とよぶ．次のことが証明される．『(a, b) を含むある領域で $f(x, y)$ が定義され，$\partial f / \partial y$ とともに連続とする．このとき関数列 $y_k(x)$ は a を含む x のある区間で収束し，その極限関数 $y(x)$ は積分方程式 (7) の，したがって初期値問題 (6) の解になる．』

例 3 初期値問題
$$y' = y, \quad y(0) = 1$$
を逐次近似法を用いて解け．

解 両辺を 0 から x まで積分すると

$$y(x) = 1 + \int_0^x y(x)\,dx$$

が得られる．逐次近似法を適用すると

$$y_0 = 1, \quad y_1 = 1 + \int_0^x dx = 1 + x,$$

$$y_2 = 1 + \int_0^x (1+x)\,dx = 1 + x + \frac{x^2}{2},$$

$$y_3 = 1 + \int_0^x \left(1 + x + \frac{x^2}{2}\right) dx = 1 + x + \frac{x^2}{2!} + \frac{x^3}{3!}.$$

これを繰り返すと

$$y_k(x) = 1 + x + \frac{x^2}{2!} + \cdots + \frac{x^k}{k!}$$

が得られる．

$$\lim_{k\to\infty} y_k(x) = 1 + x + \frac{x^2}{2!} + \cdots + \frac{x^k}{k!} + \cdots$$

が解になる．これは $-\infty < x < \infty$ で収束し，e^x に等しい．

問3 逐次近似法を3回適用して，次の初期値問題の解の近似列 $\{y_k(x)\}_{k=0,1,2,3}$ を求めよ．

(1) $y' = x + y, \quad y(0) = 0$ (2) $y' = y^2, \quad y(0) = a$

D. 初期値問題の解の一意性

初期値問題の解を求めたとき，求めたもの以外に解はないかという疑問が起こる．初期値問題の解が唯一であるという性質を解の一意性という．線形方程式

$$y' + a(x)y = f(x), \qquad y(a) = b$$

の場合は，$a(x), f(x)$ が連続関数なら，1.3節で述べた求め方から解の一意性は明らかである．また，変数分離形の方程式

$$y' = f(x)g(y), \qquad y(a) = b$$

の場合も，$f(x), g(y)$ が連続関数でかつ $g(b) \neq 0$ なら，解の一意性がなりたつことは，1.2 節の説明より明らかである．しかし，$g(b) = 0$ のとき，定数解 $y = b$ 以外に解はないのだろうか．

このような疑問にたいして，一般に次の定理がなりたつ．

一意性定理 もし，f および $\partial f/\partial y$ が連続関数なら，$x = a$ の近くで初期値問題 (6) を満たす解は唯一である．

この定理は次のように証明される．正数 h を適当に小さくとり，区間 $[a-h, a+h]$ で考える．解が 2 つあるとして，それらを $y_1(x), y_2(x)$ で表す．初期値問題 (6) と積分方程式 (7) は同値であるから，

$$y_1(x) - y_2(x) = \int_a^x \{f(t, y_1(t)) - f(t, y_2(t))\} dt$$

となる．平均値の定理を使うと

$$|f(t, y_1) - f(t, y_2)| \leqq C|y_1 - y_2|$$

を満たすように定数 C をとることができる．したがって，$z(x) = y_1(x) - y_2(x)$ とおくと

$$|z(x)| \leqq C \int_I |z(t)| dt$$

ここで，$x > a$ なら $I = (a, x)$，$x < a$ なら $I = (x, a)$．区間 $[a-h, a+h]$ で $|z(x)| \leqq M$ を満たすように定数 M がとれるから，$|z(x)| \leqq CMh$，したがって，$0 \leqq M \leqq CMh$ となる．$Ch < 1$ を満たすように h を小さくとると，この不等式より必然的に $M = 0$，つまり，$y_1(x) - y_2(x) = 0$ が導かれる．つまり，$x = a$ の近くで，2 つの解 $y_1(x)$ と $y_2(x)$ とは一致する．

例 n を正の整数とする．初期値問題 $y' = y^n, y(0) = 0$ の解は $y = 0$ だけである．

第2章

線形微分方程式

2.1 基本概念

【要 点】

1. 変数 x, x の関数 $y(x)$ およびその2階までの導関数に関する関係式 (等式) を 2階の微分方程式 という．一般的には

$$F(x,y,y',y'') = 0 \tag{1}$$

あるいは y'' について解いた形で

$$y'' = f(x,y,y')$$

と書かれる．3階以上の微分方程式も同様に考えられる．

2. 関数 $y = y(x)$ が方程式 (1) の 解 であるとは，方程式 (1) に代入したとき，

$$F(x,y(x),y'(x),y''(x)) = 0$$

が x についての恒等式になることである．2階の微分方程式は一般に2つの任意定数を含む解をもつ．そのような解を **一般解** という．

3. a, A, B を与えられた定数とするとき，次の条件 (初期条件) を満たす (1) の解を求める問題を **初期値問題** という．

$$y(a) = A, \quad y'(a) = B \tag{2}$$

4. 2階の微分方程式の中で，次の形のものを **2階線形微分方程式** という．

$$y'' + py' + qy = f(x) \tag{3}$$

左辺が y, y', y'' の1次式になっている．ここで，p, q は定数または x の関数で方程式の係数とよばれる．f も定数または x の関数である．とくに $f = 0$ のとき，

$$y'' + py' + qy = 0 \tag{4}$$

を **斉次方程式** (ていねいには，2階の線形斉次微分方程式) といい，そうでないときは **非斉次方程式** という．

5. $y_1(x), y_2(x)$ が斉次方程式 (4) の解で，C_1, C_2 が定数なら，

$$y(x) = C_1 y_1(x) + C_2 y_2(x)$$

も (4) の解である．この性質は **線形性** あるいは **重ね合わせの原理** とよばれる．

【 例 】

例 1 y_1, y_2 が線形斉次方程式 (4) の解なら，$y = C_1 y_1 + C_2 y_2$ (C_1, C_2：任意定数) も (4) の解であることを示せ．

解 方程式の左辺に代入する．

$$C_1 y_1'' + C_2 y_2'' + p(C_1 y_1' + C_2 y_2') + q(C_1 y_1 + C_2 y_2)$$
$$= C_1(y_1'' + py_1' + qy_1) + C_2(y_2'' + py_2' + qy_2) = 0$$

例 2 C_1, C_2 を任意定数とする．$y = C_1 \sin 2x + C_2 \cos 2x$ が微分方程式 $y'' + 4y = 0$ の解であることを示せ．また，初期条件 $y(0) = 1, y'(0) = 1$ を満たすように，定数 C_1, C_2 を定めよ．

解 $y'' = -4C_1 \sin 2x - 4C_2 \cos 2x = -4y$．よって，方程式を満たす．また，$y(0) = C_2 = 1, y'(0) = 2C_1 = 1$ より $C_1 = 1/2, C_2 = 1$．

2.2 線形斉次方程式

【要 点】

1. 2階の線形斉次微分方程式

$$y'' + py' + qy = 0 \tag{1}$$

の1次独立な2つの解 $y_1(x), y_2(x)$ [1] を 基本解 という.

$$y(x) = C_1 y_1(x) + C_2 y_2(x), \qquad C_1, C_2 : \text{任意定数}$$

が (1) の 一般解 になる.

2. 係数 p, q が定数のとき，方程式に $y = e^{\lambda x}$ を代入すると

$$(\lambda^2 + p\lambda + q)e^{\lambda x} = 0.$$

だから，λ が

$$\lambda^2 + p\lambda + q = 0 \tag{2}$$

を満たすなら，$y = e^{\lambda x}$ は (1) の解になる．(2) を (1) の 特性方程式，その根 (解) を 特性根 という．

3. λ が複素数のとき，$\lambda = \alpha + i\beta$ と表す．オイラーの公式により

$$e^{\lambda x} = e^{(\alpha+i\beta)x} = e^{\alpha x}(\cos \beta x + i \sin \beta x)$$

λ が複素数でも

$$\frac{d}{dx} e^{\lambda x} = \lambda e^{\lambda x}$$

がなりたつ[2]．

---

[1] $C_1 y_1(x) + C_2 y_2(x) = 0$ がなりたつのは $C_1 = C_2 = 0$ の場合に限る，つまり，一方が他方の定数倍ではないこと．

[2] $$\frac{de^{\lambda x}}{dx} = \alpha e^{\alpha x}(\cos \beta x + i \sin \beta x) + e^{\alpha x}(-\beta \sin \beta x + i\beta \cos \beta x)$$
$$= (\alpha + i\beta)e^{\alpha x}(\cos \beta x + i \sin \beta x) = \lambda e^{\lambda x}$$

4. 特性方程式 (2) が異なる 2 実根 λ_1, λ_2 をもつなら,線形斉次方程式 (1) の基本解は
$$y_1(x) = e^{\lambda_1 x}, \quad y_2(x) = e^{\lambda_2 x} \tag{3}$$

5. 特性方程式が複素根 $\alpha \pm i\beta$ $(\beta \neq 0)$ をもつなら,$y = e^{\alpha x}(\cos \beta x + i \sin \beta x)$, $\bar{y} = e^{\alpha x}(\cos \beta x - i \sin \beta x)$ が解であり,よってその実部 $(= (y + \bar{y})/2)$,虚部 $(= (y - \bar{y})/2i)$ も解になるから,(1) の (実数形の) 基本解は
$$y_1(x) = e^{\alpha x} \sin \beta x, \quad y_2(x) = e^{\alpha x} \cos \beta x \tag{4}$$

6. 特性方程式が重根 λ_1 をもつなら,基本解は
$$y_1(x) = e^{\lambda_1 x}, \quad y_2(x) = x e^{\lambda_1 x} \tag{5}$$

(例 4 参照)

7. 線形斉次方程式 (1) の 2 つの解 $y_1(x), y_2(x)$ が 1 次独立であるための必要十分条件は
$$W(x) := \begin{vmatrix} y_1(x) & y_2(x) \\ y_1'(x) & y_2'(x) \end{vmatrix} \neq 0$$
がなりたつことである (この行列式は y_1, y_2 のロンスキー (Wronsky) 行列式あるいはロンスキアンとよばれる).

8. 以上のことは 3 階以上の方程式にも,ほとんどそのまま適用される (問 6).

【 例 】

例 1 微分方程式
$$y'' + 3y' + 2y = 0$$
の基本解および初期条件
$$y(0) = 0, \quad y'(0) = 1$$
を満たす解を求めよ.

解 この方程式の特性方程式は

$$\lambda^2 + 3\lambda + 2 = 0$$

で，特性根は $-1, -2$ だから，基本解は

$$y_1(x) = e^{-x}, \quad y_2(x) = e^{-2x}.$$

したがって，一般解は $y(x) = C_1 e^{-x} + C_2 e^{-2x}$ であり，初期条件より
$y(0) = C_1 + C_2 = 0, \quad y'(0) = -C_1 - 2C_2 = 1, \quad \therefore C_1 = 1, C_2 = -1.$
よって，求める解は

$$y(x) = e^{-x} - e^{-2x}.$$

例2 微分方程式

$$y'' + 2y' + 2y = 0$$

の基本解および初期条件

$$y(0) = -1, \quad y'(0) = 2$$

を満たす解を求めよ．

解 この方程式の特性方程式は

$$\lambda^2 + 2\lambda + 2 = 0$$

で，特性根は $-1 \pm i$ だから，基本解は

$$y_1(x) = e^{-x} \sin x, \quad y_2(x) = e^{-x} \cos x.$$

したがって，一般解は $y(x) = C_1 e^{-x} \sin x + C_2 e^{-x} \cos x$ であり，初期条件より

$$y(0) = C_2 = -1, \quad y'(0) = C_1 - C_2 = 2, \quad \therefore C_1 = 1.$$

よって，求める解は

$$y(x) = e^{-x} \sin x - e^{-x} \cos x.$$

例3 微分方程式
$$y'' + 2y' + y = 0$$
の基本解および初期条件
$$y(0) = 1, \quad y'(0) = -2$$
を満たす解を求めよ．

解 この方程式の特性方程式は
$$\lambda^2 + 2\lambda + 1 = 0$$
で，特性根は -1 で重根だから，基本解は
$$y_1(x) = e^{-x}, \quad y_2(x) = xe^{-x}.$$
したがって，一般解は $y(x) = C_1 e^{-x} + C_2 x e^{-x}$ であり，初期条件より
$$y(0) = C_1 = 1, \quad y'(0) = -C_1 + C_2 = -2, \quad \therefore \ C_2 = -1.$$
よって，求める解は
$$y(x) = e^{-x} - xe^{-x}.$$

例4 p, q を定数とする．微分方程式
$$y'' + py' + qy = 0$$
において，$P(\lambda) = \lambda^2 + p\lambda + q = 0$ が重根 $\lambda_1 = -p/2$ をもつとき，$e^{\lambda_1 x}$ と1次独立な解を求めよ (要点6参照)．

解 $y = e^{\lambda_1 x} z$ とおく．$y' = (z' + \lambda_1 z)e^{\lambda_1 x}$, $y'' = (z'' + 2\lambda_1 z' + \lambda_1{}^2)e^{\lambda_1 x}$ だから，z についての方程式
$$z'' + (p + 2\lambda_1)z' + (\lambda_1{}^2 + p\lambda_1 + q)z = z'' = 0$$
が得られる．ここで，λ_1 が $P(\lambda) = 0$ の重根であることを用いた．$z = x$ は解だから，$y = xe^{\lambda_1 x}$ が元の方程式の解になる．$e^{\lambda_1 x}$ と1次独立であることは明らか．

例 5 要点 7 を証明せよ．

解 (必要性) ある点 $x = a$ で $W(a) = 0$ と仮定しよう．すると

$$C_1 y_1(a) + C_2 y_2(a) = 0, \quad C_1 y_1'(a) + C_2 y_2'(a) = 0$$

を満たす定数 C_1, C_2 で $C_1 = C_2 = 0$ でないものがある．$y = C_1 y_1 + C_2 y_2$ とおくと，線形性より

$$y'' + py' + qy = 0, \quad y(a) = 0, \, y'(a) = 0$$

となる．したがって，解の一意性 (下記の補足参照) より，恒等的に $y(x) = 0$, つまり

$$C_1 y_1(x) + C_2 y_2(x) = 0$$

がしたがう．これは，y_1, y_2 が 1 次独立であることに矛盾する．したがって，すべての x について $W(x) \neq 0$.
(十分性) 定数 C_1, C_2 に対して，

$$C_1 y(x) + C_2 y_2(x) = 0$$

がなりたつとする．微分して

$$C_1 y_1'(x) + C_2 y_2'(x) = 0$$

もなりたつ．したがって，$W(x) \neq 0$ なら，$C_1 = C_2 = 0$. よって，y_1, y_2 は 1 次独立である．

例 6 係数 p, q が正の定数なら，方程式 (1) の一般解は

$$\lim_{x \to +\infty} y(x) = 0$$

を満たすことを示せ．

解 p, q が正の定数なら，特性方程式 $\lambda^2 + p\lambda + q = 0$ は負の 2 実根，あるいは負の重根，あるいは実部が負の互いに共役な複素根をもつことが容易に確かめられる．負の 2 実根 λ_1, λ_2 をもつとき，基本解は $e^{\lambda_1 x}, e^{\lambda_2 x}$ で

あるから，一般解が上の性質をもつことは明らか．負の重根 λ をもつときは，基本解は $e^{\lambda x}, xe^{\lambda x}$ であり，実部が負の互いに共役な複素根 $\alpha \pm i\beta$ をもつときは，基本解は $e^{\alpha x}\cos\beta x, e^{\alpha x}\sin\beta x$ であるから，これらの場合も一般解は上記の性質を満たす．

補足　「線形斉次方程式 (1) の解で，初期条件

$$y(a) = A, \quad y'(a) = B$$

を満たすものは唯一である」ことが知られている (解の一意性)．

================ 問　題　2.2 ================

問 1　次の微分方程式の基本解を求めよ．また，与えられた初期条件を満たす解を求めよ．

(1) $y'' + y = 0, \quad y(0) = 1, y'(0) = 1$
(2) $y'' - y = 0, \quad y(0) = -1, y'(0) = 2$
(3) $y'' + 4y' + 4y = 0, \quad y(0) = 1, y'(0) = -2$
(4) $y'' + 4y' + 3y = 0, \quad y(0) = -1, y'(0) = 3$

問 2　問 1 の各方程式の基本解について，そのロンスキアンを計算せよ．

問 3　$y_1(x), y_2(x)$ を微分方程式

$$y'' + py' + qy = 0$$

の任意の 2 つの解とし，そのロンスキアンを

$$W(x) = \begin{vmatrix} y_1(x) & y_2(x) \\ y_1{}'(x) & y_2{}'(x) \end{vmatrix}$$

と表す．このとき

$$W(x) = W(a)e^{-\int_a^x p(t)dt}$$

がなりたつことを示せ (このことより，$W(a) \neq 0$ なら，すべての x に対し $W(x) \neq 0$ であることがわかる)．

問 4 微分方程式
$$y'' + py' + qy = 0$$
に対し，
$$z = \frac{y'}{y}$$
とおく．z に関する方程式を求めよ．

問 5 次の微分方程式はオイラーの微分方程式という．
$$x^2\frac{d^2y}{dx^2} + px\frac{dy}{dx} + qy = 0, \quad p, q : 定数$$
変数 x を
$$x = e^t$$
により変数 t に変更すると方程式は
$$\frac{d^2y}{dt^2} + (p-1)\frac{dy}{dt} + qy = 0$$
となることを示せ．また，このことを用いて，$x > 0$ において微分方程式
$$x^2\frac{d^2y}{dx^2} + x\frac{dy}{dx} + y = 0$$
の基本解を求めよ．

問 6 次の 4 階の微分方程式の一般解を求めよ．
$$\frac{d^4y}{dx^4} - y = 0$$

2.3 線形非斉次方程式

【要点】

1. 非斉次の線形微分方程式

$$y'' + p(x)y' + q(x)y = f(x) \tag{1}$$

の一般解を求める．p, q は定数でも関数でもよい．

2. この方程式に対応する斉次方程式

$$y'' + p(x)y' + q(x)y = 0 \tag{2}$$

の基本解 $y_1(x), y_2(x)$ を (1) の基本解ともいう．また，(2) の一般解 $C_1 y_1(x) + C_2 y_2(x)$ を (1) の余関数[3] といい $y_c(x)$ で表す．(1) の任意の 1 つの解を特殊解[4] とよび y_p で表す．すると，(1) の一般解は

$$y(x) = y_p(x) + y_c(x) \tag{3}$$

で与えられる (例 1 参照)．

3. 斉次方程式 (2) の一般解の任意定数 C_1, C_2 を x の関数に代えて

$$y(x) = C_1(x) y_1(x) + C_2(x) y_2(x) \tag{4}$$

の形で非斉次方程式 (1) の解を求めることができる (ラグランジュ(Lagrange) の定数変化法 という)．まず，

$$y' = C_1'(x) y_1(x) + C_2'(x) y_2(x) + C_1(x) y_1'(x) + C_2(x) y_2'(x)$$

となるが，$C_1(x), C_2(x)$ に条件

$$C_1'(x) y_1(x) + C_2'(x) y_2(x) = 0 \tag{5}$$

を課す．すると

$$y'' = C_1'(x) y_1'(x) + C_2'(x) y_2'(x) + C_1(x) y_1''(x) + C_2(x) y_2''(x)$$

---

[3] complementary function
[4] particular solution

これらを (1) に代入する．y_1, y_2 が (2) の解であることより

$$C_1'(x)y_1'(x) + C_2'(x)y_2'(x) = f(x) \tag{6}$$

$y_1(x), y_2(x)$ は 1 次独立だから，(5), (6) より C_1', C_2' を求めることができる．

$$C_1'(x) = \frac{-1}{W(x)}f(x)y_2(x), \quad C_2'(x) = \frac{1}{W(x)}f(x)y_1(x)$$

これを積分して，$C_1(x), C_2(x)$ を求め (4) に代入すれば，(1) の解を得る．ここで $W(x)$ は $y_1(x), y_2(x)$ のロンスキアンである (2.2 要点 7 参照)．

4. 斉次の線形方程式 (2) の 1 つの解 (恒等的に 0 ではない)$y_1(x)$ が何らかの方法で見つかったとする．すると y_1 と 1 次独立なもう 1 つの解を

$$y_2(x) = C(x)y_1(x)$$

の形で求め，基本解を得ることができる (例 4)．

5. 余関数 $y_c(x)$ が

$$\lim_{x \to +\infty} y_c(x) = 0 \tag{7}$$

を満たすなら，方程式 (1) の任意の 2 つの解 $y_1(x), y_2(x)$ に対し

$$\lim_{x \to +\infty} \{y_1(x) - y_2(x)\} = 0$$

がなりたつ．x が時間を表すとき，このことは，時間とともに任意の解が同じ状態に近づくことを意味する．(7) がなりたつとき，(1) の特殊解は**定常解**ともよばれる．(2.2 節の例 6 参照)

【 例 】

例 1 要点 2 の (3) を確かめよ．

解 方程式 (1) に代入する．y_p が (1) の，y_c が (2) の解であるから

$$(y_p + y_c)'' + p(y_p + y_c)' + q(y_p + y_c)$$
$$= (y_p'' + py_p' + qy_p) + (y_c'' + py_c' + qy_c)$$
$$= f(x) + 0 = f(x)$$

つまり，$y = y_p + y_c$ は (1) の解である．

例2 微分方程式 $y'' - 2y' - 8y = 4e^{2x}$ の一般解を求め，さらに初期条件 $y(0) = 1$, $y'(0) = -1$ を満たす解を求めよ．

解 特性方程式は，$\lambda^2 - 2\lambda - 8 = (\lambda + 2)(\lambda - 4) = 0$．よって，特性根は $-2, 4$．したがって，基本解は e^{-2x}, e^{4x}．
次に，定数変化法を適用する．

$$y = C_1(x)e^{-2x} + C_2(x)e^{4x}$$

とおく．$y' = (C_1' - 2C_1)e^{-2x} + (C_2' + 4C_2)e^{4x}$．まず，

$$C_1'e^{-2x} + C_2'e^{4x} = 0$$

を満たすものとする．すると $y'' = -2(C_1' - 2C_1)e^{-2x} + 4(C_2' + 4C_2)e^{4x}$．方程式に代入すると

$$-2e^{-2x}C_1' + 4e^{4x}C_2' = 4e^{2x}.$$

これらを解くと

$$C_1'(x) = -\frac{2}{3}e^{4x}, \quad C_2'(x) = \frac{2}{3}e^{-2x}.$$

積分すると

$$C_1(x) = -\frac{1}{6}e^{4x} + c_1, \quad C_2(x) = -\frac{1}{3}e^{-2x} + c_2.$$

よって，求める一般解は

$$y(x) = c_1 e^{-2x} + c_2 e^{4x} - \frac{1}{2}e^{2x}.$$

また，初期条件より $y(0) = c_1 + c_2 - 1/2 = 1$, $y'(0) = -2c_1 + 4c_2 - 1 = -1$．よって，$c_1 = 1$, $c_2 = 1/2$ だから求める解は

$$y(x) = e^{-2x} + \frac{1}{2}e^{4x} - \frac{1}{2}e^{2x}.$$

例3 微分方程式 $y'' - 2y' + y = e^x$ の一般解を求め，さらに初期条件 $y(0) = 1$, $y'(0) = 0$ を満たす解を求めよ．

解　特性方程式は, $\lambda^2 - 2\lambda + 1 = (\lambda-1)^2 = 0$. 特性根は 1 で重根である. したがって, 基本解は e^x, xe^x.
次に, 定数変化法を適用する.
$$y = C_1(x)e^x + C_2(x)xe^x$$
とおく. $y' = (C_1' + C_1)e^x + (C_2' + C_2)xe^x + C_2 e^x$. まず,
$$C_1' e^x + C_2' xe^x = 0$$
を満たすものとする. すると
$$y'' = (C_1' + C_1)e^x + (C_2' + C_2)xe^x + C_2 e^x + (C_2' + C_2)e^x.$$
方程式に代入して
$$e^x C_1'(x) + (x+1)e^x C_2'(x) = e^x.$$
これらを解くと
$$C_1'(x) = -x, \quad C_2'(x) = 1.$$
積分すると
$$C_1(x) = -\frac{1}{2}x^2 + c_1, \quad C_2(x) = x + c_2.$$
よって, 求める一般解は
$$y(x) = c_1 e^x + c_2 xe^x + \frac{1}{2}x^2 e^x.$$
また, 初期条件より $y(0) = c_1 = 1$, $y'(0) = c_1 + c_2 = 0$. よって, $c_1 = 1, c_2 = -1$. したがって, 求める解は
$$y(x) = e^x - xe^x + \frac{1}{2}x^2 e^x = \left(1 - x + \frac{1}{2}x^2\right)e^x.$$

例 4　斉次の線形方程式
$$y'' + p(x)y' + q(x)y = 0$$
の解 $y_1(x)$ で恒等的には 0 でないものが見つかったとする. すると, y_1 と 1 次独立な (2) のもう 1 つの解 $y_2(x)$ が
$$y_2 = C(x)y_1(x)$$
の形で得られることを示せ.

解 簡単のために $y_2 = y$ と記す．$y' = C'y_1 + Cy_1'$, $y'' = C''y_1 + 2C'y_1' + Cy_1''$. 方程式に代入し，$y_1(x)$ が解であることを考慮すると

$$y_1 C'' + (2y_1' + py_1)C' = 0.$$

$z = C'$ とおくと

$$y_1(x)z' + (2y_1'(x) + p(x)y_1(x))z = 0.$$

これは，変数分離形である．

$$\frac{z'}{z} = -p(x) - 2\frac{y_1'}{y_1}$$

積分すると

$$z(x) = \frac{k}{y_1{}^2(x)} e^{-\int p(x)\,dx}, \qquad k : 任意定数$$

$C' = z$ だから，もう一度積分し，$y_2 = Cy_1$ に代入すると

$$y_2(x) = y_1(x) \int \frac{k}{y_1{}^2(x)} e^{-\int p(x)\,dx}\, dx.$$

これが求めるもの．k はたとえば $k=1$ とすればよい．$y_1(x), y_2(x)$ のロンスキアンは $C'(x)y_1{}^2(x) = e^{-\int p(x)\,dx} \neq 0$.

================ 問 題 2.3 ================

問 1 次の微分方程式の一般解を定数変化法を用いて求めよ．
 (1) $y'' + 3y' + 2y = e^{-x}$ (2) $y'' + 2y' + 2y = 2$
 (3) $y'' - y = e^x \cos x$

問 2 x が $x^2 y'' - xy' + y = 0$ の 1 つの解であることを確かめ，基本解を求めよ．

問 3 e^x が $xy'' - 2(x+1)y' + (x+2)y = 0$ の 1 つの解であることを確かめ，基本解を求めよ．

問 4 e^{-x} が $xy'' + (2x-1)y' + (x-1)y = 0$ の 1 つの解であることを確かめ，基本解を求めよ．

2.4 特殊解を簡単に求める方法

【要 点】

1. 非斉次の線形微分方程式
$$y'' + py' + qy = f(x)$$
の特殊解を求めるのに，定数変化法は一般性のある方法であるが，実際の積分計算には手間がかかることが多い．しかし，係数が定数で，右辺 $f(x)$ が指数関数，三角関数，多項式などの場合，$f(x)$ の形から解の形を推定し容易に特殊解を求めることができる．以下，$P(\lambda) = \lambda^2 + p\lambda + q$ と表す (特性多項式)．

2. 指数関数：A, α を定数とする．
$$y'' + py' + qy = Ae^{\alpha x} \tag{1}$$
特殊解を $y_\mathrm{p} = Le^{\alpha x}$ とおいてみる (L：定数)．代入すると，
$$LP(\alpha)e^{\alpha x} = Ae^{\alpha x}.$$
よって，$P(\alpha) \neq 0$ なら $L = A/P(\alpha)$ とおけば特殊解になる．つまり
$$y_\mathrm{p} = \frac{A}{P(\alpha)} e^{\alpha x}.$$
なお，$P(\alpha) = 0, P'(\alpha) \neq 0$ のときは，$y_\mathrm{p} = Lxe^{\alpha x}$ の形で求まる．

3. 三角関数：A, α, β を定数とする．
$$y'' + py' + qy = Ae^{\alpha x}\sin\beta x \tag{2}$$
$$y'' + py' + qy = Ae^{\alpha x}\cos\beta x \tag{3}$$
2つの方法がある．1つは特殊解 $y_\mathrm{p}(x)$ を
$$y_\mathrm{p}(x) = e^{\alpha x}(L\sin\beta x + M\cos\beta x), \qquad L, M：定数$$
とおいて，方程式に代入し係数比較をすることである．$P(\alpha + i\beta) \neq 0$ なら，L, M が定まる (例2)．なお，$P(\alpha + i\beta) = 0, P'(\alpha + i\beta) \neq 0$ のときは $y_\mathrm{p} = e^{\alpha x}(Lx\sin\beta x + Mx\cos\beta x)$ の形で求まる．

もう1つの方法は複素化である．(2),(3) の代わりに方程式

$$z'' + pz' + qz = Ae^{(\alpha+i\beta)x}$$

を考える．これは (1) と同じ形の方程式で，その特殊解を z_p とする．$e^{(\alpha+i\beta)x} = e^{\alpha x}(\cos\beta x + i\sin\beta x)$ だから，虚部 $\mathrm{Im}\, z_\mathrm{p}$ が (2) の，実部 $\mathrm{Re}\, z_\mathrm{p}$ が (3) の特殊解になる (例 2)．

4. 多項式：

$$y'' + py' + qy = A_0 + A_1 x + \cdots + A_k x^k \tag{4}$$

特殊解 $y_\mathrm{p}(x)$ を

$$y_\mathrm{p}(x) = L_0 + L_1 x + \cdots + L_k x^k$$

とおいて，方程式に代入し x の各べきの係数比較をする．$P(0) \neq 0$ つまり $q \neq 0$ なら L_i が定まる (例 3)．ただし，$q = 0$ のときは，この形では解が求められない．そのときは

$$y_\mathrm{p}(x) = L_1 x + \cdots + L_{k+1} x^{k+1}$$

とおく．$q = 0, p \neq 0$ なら L_i が定まる (例 7)．

5. 変換：

$$y'' + py' + qy = f(x)e^{\alpha x} \tag{5}$$

$y(x) = u(x)e^{\alpha x}$ とおく．

$$y' = (u' + \alpha u)e^{\alpha x}, \quad y'' = (u'' + 2\alpha u' + \alpha^2 u)e^{\alpha x}$$

だから，u についての方程式

$$u'' + (p + 2\alpha)u' + (q + p\alpha + \alpha^2)u = f(x) \tag{6}$$

に変換される[5]．(6) の解が得られれば (5) の解が得られる．$P(\alpha) = 0$ のときの (1) の解もこの変換を利用して求められる (例 4)．

---

[5] $u'' + P'(\alpha)u' + P(\alpha)u = f(x)$ とも表せる．

【 例 】

例 1 $y'' + y = e^{2x}$.

解 $y_p = Ae^{2x}$ とおき代入する. $P(\lambda) = \lambda^2 + 1$ で, $AP(2)e^{2x} = e^{2x}$ となり, $A = 1/P(2) = 1/5$ とすれば特殊解 $y_p = (1/5)e^{2x}$ が得られる.

例 2 $y'' + 4y' + 3y = -\sin x$.

解 $y_p = A\sin x + B\cos x$ とおき, 代入する.

$$-A\sin x - B\cos x + 4(A\cos x - B\sin x) + 3(A\sin x + B\cos x)$$
$$= (2A - 4B)\sin x + (2B + 4A)\cos x = -\sin x$$

となる. 係数を比較し

$$2A - 4B = -1, \quad 2B + 4A = 0$$

したがって, $A = -1/10, B = 1/5$ とすれば特殊解 $y_p = -(1/10)\sin x + (1/5)\cos x$ が得られる.

別解 複素化し

$$z'' + 4z' + 3z = -e^{ix}$$

$z_p = Le^{ix}$ とおき, 代入する. $P(\lambda) = \lambda^2 + 4\lambda + 3$. $LP(i)e^{ix} = -e^{ix}$. よって,

$$z_p = -\frac{1}{P(i)}e^{ix} = -\frac{1}{2+4i}e^{ix}$$

z_p の虚部が求めるものだから

$$y_p = \operatorname{Im} z_p = -\operatorname{Im} \frac{2-4i}{20}(\cos x + i\sin x)$$
$$= -\frac{1}{10}\sin x + \frac{1}{5}\cos x$$

例 3 $y'' + 3y = -x^3 + 1$.

解 $y_p = Ax^3 + Bx^2 + Cx + D$ とおき，代入する．$3Ax^3 + 3Bx^2 + (6A + 3C)x + 2B + 3D = -x^3 + 1$ となる．したがって，$A = -1/3$, $B = 0$, $C = 2/3$, $D = 1/3$ とすれば特殊解 $y_p = -(1/3)x^3 + (2/3)x + 1/3$ が得られる．

例 4 微分方程式

$$y'' + py' + qy = Ae^{\alpha x}, \qquad p, q, A, \alpha : 定数$$

において，$P(\alpha) = \alpha^2 + p\alpha + q = 0$ なるとき，特殊解を求めよ．

解 変換 $y = ue^{\alpha x}$ により，u についての方程式

$$u'' + (p + 2\alpha)u' = A$$

を得る (要点 5 参照)．この方程式が特殊解

$$u_p = \frac{Ax}{p + 2\alpha}$$

をもつのは明らか．したがって，

$$y_p = \frac{Ax}{p + 2\alpha}e^{\alpha x} = \frac{Ax}{P'(\alpha)}e^{\alpha x}$$

が求めるものである．ただし，$p + 2\alpha \neq 0$ とする．

例 5 $y'' - y = e^x$.

解 $y_p = Ae^x$ とおいても解は得られない．そこで代わりに

$$y_p = Axe^x$$

とおき，方程式に代入してみると，$2Ae^x = e^x$ となる．したがって，$A = 1/2$ とすれば特殊解 $y_p = (1/2)xe^x$ が得られる．

別解 $y = ue^x$ と変換すると，$y' = (u' + u)e^x$, $y'' = (u'' + 2u' + u)e^x$ だから，u の方程式

$$u'' + 2u' = 1$$

を得る．明らかに，$u_\mathrm{p} = x/2$. したがって，
$$y_\mathrm{p} = \frac{x}{2}e^x$$

例 6　$y'' + y = -\sin x$.

解　この例でも $y_\mathrm{p} = A\sin x + B\cos x$ の形で解は求められない．そこで，
$$y_\mathrm{p} = Ax\sin x + Bx\cos x$$
とおき，代入すると，$2A\cos x - 2B\sin x = -\sin x$ となり，$A = 0, B = 1/2$ とすれば特殊解 $y_\mathrm{p} = (1/2)x\cos x$ が得られる．

別解　複素化し
$$z'' + z = -e^{ix}$$
$z = we^{ix}$ と変換する．$z' = (w' + iw)e^{ix}, z'' = (w'' + 2iw' + i^2w)e^{ix}$ だから，w についての方程式
$$w'' + 2iw' = -1$$
明らかに，この方程式は特殊解 $w_\mathrm{p} = -x/2i$ をもつから，$z_\mathrm{p} = (-x/2i)e^{ix}$．$z_\mathrm{p}$ の虚部が求めるものであるから
$$y_\mathrm{p} = \mathrm{Im}\left(\frac{-x}{2i}e^{ix}\right) = \frac{x}{2}\cos x.$$

例 7　$y'' + 2y' = -x^2 + x$.

解　$y_\mathrm{p} = Ax^2 + Bx + C$ とおいても解は求められない．$y_\mathrm{p} = x(Ax^2 + Bx + C) = Ax^3 + Bx^2 + Cx$ とおき，代入すると $6Ax^2 + (6A+4B)x + 2B + 2C = -x^2 + x$ となる．したがって，$A = -1/6, B = 1/2, C = -1/2$ とすれば特殊解 $y_\mathrm{p} = -(1/6)x^3 + (1/2)x^2 - (1/2)x$ が得られる．

問題 2.4

問 1 次の微分方程式の一般解を求めよ．
(1) $y'' + 3y' + 2y = e^x$ (2) $y'' + 4y' + 5y = e^{-x}$
(3) $y'' - 3y' + 2y = e^{2x}$ (4) $y'' - 2y' + y = \sin x$
(5) $y'' + 2y' + 2y = \cos x$ (6) $y'' + 4y = \cos 2x$
(7) $y'' - y = x$ (8) $y'' - 2y' + 2y = x^2 + 1$
(9) $y'' + 2y' = x$

問 2 a, b, c, A, ω を正の定数とする．次の方程式の特殊解(定常解)を求めよ．
$$ay'' + by' + cy = A\sin\omega x$$

2.5 演算子法

【要点】

1. n を正の整数, $a_0, a_1, \cdots, a_n$ を実定数とする. 非斉次の n 階線形微分方程式

$$a_0 y^{(n)} + a_1 y^{(n-1)} + \cdots + a_n y = f(x) \tag{1}$$

および対応する斉次方程式

$$a_0 y^{(n)} + a_1 y^{(n-1)} + \cdots + a_n y = 0 \tag{2}$$

の解を演算子法 を用いて求めよう.

2. 2階の場合と同様に, (2) の1次独立な n 個の解 $y_1(x), \cdots, y_n(x)$ を (2) および (1) の基本解という. $y = C_1 y_1(x) + \cdots + C_n y_n(x)$ ($C_1, \cdots, C_n$: 任意定数) を (2) の一般解, あるいは (1) の余関数 ($y_c(x)$ と表す) という. また, (1) の任意の1つの解を特殊解といい, $y_p(x)$ で表す. (1) の一般解は

$$y = y_c(x) + y_p(x)$$

で与えられる.

3. 記号

$$D = \frac{d}{dx},\ D^2 = \frac{d^2}{dx^2},\ \cdots$$

を導入する.

$$P(D) = a_0 D^n + a_1 D^{n-1} + \cdots + a_n$$

と定義すると (1) は

$$P(D)y = f(x) \tag{1'}$$

と書ける. $P(\lambda) = a_0 \lambda^n + a_1 \lambda^{n-1} + \cdots + a_n = 0$ を特性方程式, その根を特性根という.

4. (1') の解を

$$y = \frac{1}{P(D)} f(x)$$

と書く．$1/P(D)$ を $P(D)$ の逆演算子という．たとえば，$Dy = f(x)$ の逆演算子が $1/D$ であるから

$$\frac{1}{D}f(x) = \int f(x)\,dx$$

5. 次の性質(線形性)は容易に確かめられる．

$$P(D)\{C_1 f_1(x) + C_2 f_2(x)\} = C_1 P(D) f_1(x) + C_2 P(D) f_2(x)$$

$$\frac{1}{P(D)}\{C_1 f_1(x) + C_2 f_2(x)\} = C_1 \frac{1}{P(D)} f_1(x) + C_2 \frac{1}{P(D)} f_2(x)$$

ここで，C_1, C_2 は任意の定数，$f_1(x), f_2(x)$ は任意の関数．

6. λ が実数でも複素数でも

$$De^{\lambda x} = \lambda e^{\lambda x}$$

だから

$$P(D)e^{\lambda x} = P(\lambda)e^{\lambda x}$$

がなりたつ．また，この式の両辺を λ で微分すると

$$P(D)xe^{\lambda x} = P'(\lambda)e^{\lambda x} + P(\lambda)xe^{\lambda x}$$

が得られる．

7. $D(e^{\lambda x} f(x)) = e^{\lambda x}(D + \lambda)f(x)$ だから

$$P(D)(e^{\lambda x} f(x)) = e^{\lambda x} P(D + \lambda) f(x)$$

がなりたつ．したがって，

$$\frac{1}{P(D)}(e^{\lambda x} f(x)) = e^{\lambda x} \frac{1}{P(D + \lambda)} f(x)$$

もなりたつ．

【 例 】

例1 『$P(\lambda) = 0$ なら,$e^{\lambda x}$ は (2) の解になる.$\lambda = \alpha + i\beta$ が 複素根なら,$e^{\lambda x} = e^{\alpha x}(\cos \beta x + i \sin \beta x)$ であり,実部,虚部がそれぞれ解になるから,$e^{\alpha x} \cos \beta x$,$e^{\alpha x} \sin \beta x$ が (実数形の) 解になる.$P(\lambda)$ が単根のみをもつなら,各根に対するこれらの解は 1 次独立であり斉次方程式 (2) の基本解が得られる』.
このことを用いて次の方程式の一般解を求めよ.

$$D^4 y - y = 0$$

解 $P(\lambda) = \lambda^4 - 1$.よって,特性根は $\lambda = 1, -1, i, -i$.したがって,$e^x, e^{-x}, e^{ix}, e^{-ix}$ が解.$e^{\pm ix} = \cos x \pm i \sin x$ だから,実形の基本解は $e^x, e^{-x}, \cos x, \sin x$.したがって,一般解は

$$y = C_1 e^x + C_2 e^{-x} + C_3 \cos x + C_4 \sin x, \qquad C_i : \text{任意定数}$$

例2 『$P(\lambda) = P'(\lambda) = 0$ なら,$xe^{\lambda x}$ も (2) の解になる (要点6)』.
このことを用いて次の方程式の一般解を求めよ.

$$D^4 y + 2D^2 y + y = 0$$

解 $P(\lambda) = \lambda^4 + 2\lambda^2 + 1$.よって特性根は $\lambda = i, -i$ であり,ともに 2 重根.したがって,$e^{ix}, e^{-ix}, xe^{ix}, xe^{-ix}$ が解.$e^{\pm ix} = \cos x \pm i \sin x$ だから,実数形の基本解は $\cos x, \sin x, x\cos x, x\sin x$.したがって,一般解は

$$y = C_1 \cos x + C_2 \sin x + C_3 x \cos x + C_4 x \sin x, \qquad C_i : \text{任意定数}$$

例3 次のことを示せ.

$$\frac{1}{P(D)} e^{\lambda x} = \begin{cases} \dfrac{1}{P(\lambda)} e^{\lambda x} & P(\lambda) \neq 0 \text{ のとき} \\ \dfrac{1}{P'(\lambda)} x e^{\lambda x} & P(\lambda) = 0, P'(\lambda) \neq 0 \text{ のとき} \end{cases}$$

解 $P(\lambda) \neq 0$ なら,要点 6 より,

$$P(D) \frac{1}{P(\lambda)} e^{\lambda x} = \frac{1}{P(\lambda)} P(\lambda) e^{\lambda x} = e^{\lambda x}$$

$P(\lambda) = 0$, $P'(\lambda) \neq 0$ なら,やはり要点 6 により,
$$P(D)\frac{1}{P'(\lambda)}xe^{\lambda x} = \frac{1}{P'(\lambda)}(P'(\lambda)e^{\lambda x} + P(\lambda)xe^{\lambda x}) = e^{\lambda x}.$$
これで与式が示された.

例 4 $(D^2 - 3D + 2)y = e^{kx}$ の特殊解を求めよ.

解 例 3 を用いる.$P(D) = D^2 - 3D + 2$. $P(k) = k^2 - 3k + 2 = (k-1)(k-2)$. よって,$k \neq 1, 2$ なら
$$y_\mathrm{P} = \frac{1}{k^2 - 3k + 2}e^{kx}$$
また,$P'(k) = 2k - 3$, $P'(1) = -1$, $P'(2) = 1$ だから,
$$y_\mathrm{P} = \frac{1}{P'(k)}xe^{kx} = \begin{cases} -xe^x & k = 1 \text{ のとき} \\ xe^{2x} & k = 2 \text{ のとき} \end{cases}$$

例 5 次のことを示せ.
$$\frac{1}{P(D)}e^{\alpha x}\cos\beta x = \operatorname{Re}\frac{1}{P(D)}e^{(\alpha+i\beta)x}$$
$$\frac{1}{P(D)}e^{\alpha x}\sin\beta x = \operatorname{Im}\frac{1}{P(D)}e^{(\alpha+i\beta)x}$$
ここで,$\operatorname{Re} z, \operatorname{Im} z$ はそれぞれ複素数 z の実部,虚部を示す.

解 $y = y_1 + iy_2$ と記す.方程式
$$p(D)y = P(D)(y_1 + iy_2) = e^{(\alpha+i\beta)x}$$
より,
$$P(D)y_1 = e^{\alpha x}\cos\beta x$$
$$P(D)y_2 = e^{\alpha x}\sin\beta x$$
したがって,逆演算子の定義より
$$y_1 + iy_2 = \frac{1}{P(D)}e^{(\alpha+i\beta)x}$$
$$y_1 = \frac{1}{P(D)}e^{\alpha x}\cos\beta x$$
$$y_2 = \frac{1}{P(D)}e^{\alpha x}\sin\beta x$$

これで与式が示された．

例 6 $(D^2 - 3D + 2)y = \sin x$ の特殊解を求めよ．

解 例 5 を用いる．
$$\begin{aligned}
y_p &= \frac{1}{D^2 - 3D + 2}\sin x = \mathrm{Im}\,\frac{1}{D^2 - 3D + 2}e^{ix} \\
&= \mathrm{Im}\,\frac{1}{i^2 - 3i + 2}e^{ix} = \mathrm{Im}\,\frac{1 + 3i}{10}(\cos x + i\sin x) \\
&= \frac{1}{10}\sin x + \frac{3}{10}\cos x
\end{aligned}$$

例 7 $(D^2 + 4D + 3)y = e^{-x}\sin x$ の特殊解を求めよ．

解 例 5 を用いる．
$$\begin{aligned}
y_p &= \frac{1}{D^2 + 4D + 3}e^{-x}\sin x = \mathrm{Im}\,\frac{1}{D^2 + 4D + 3}e^{(-1+i)x} \\
&= \mathrm{Im}\,\frac{1}{(-1+i)^2 + 4(-1+i) + 3}e^{(-1+i)x} \\
&= \mathrm{Im}\,\frac{-1 - 2i}{5}e^{-x}(\cos x + i\sin x) \\
&= -\frac{e^{-x}}{5}(2\cos x + \sin x)
\end{aligned}$$

例 8 $f(x)$ を k 次の多項式とする．D を単なる文字変数とみなし，$1/P(D)$ を昇べきの割り算あるいはテーラー (ローラン) 展開により

$$\frac{1}{P(D)} = \begin{cases} B_0 + B_1 D + \cdots + B_k D^k + 余り, & P(0) \neq 0 \text{ のとき} \\ \dfrac{B_{-1}}{D} + B_0 + \cdots + B_k D^k + 余り, & P(0) = 0,\ P'(0) \neq 0 \text{ のとき} \end{cases}$$

と表すと，

$$\frac{1}{P(D)}f(x) = \begin{cases} (B_0 + B_1 D + \cdots + B_k D^k)f(x), & P(0) \neq 0 \text{ のとき} \\ \left(\dfrac{B_{-1}}{D} + B_0 + \cdots + B_k D^k\right)f(x), & P(0) = 0,\ P'(0) \neq 0 \text{ のとき} \end{cases}$$

がなりたつことを示せ．

解 $B_0 + B_1 D + \cdots + B_k D^k = Q(D)$, 余り $= R(D)$ と表すと，
$$1 = P(D)Q(D) + P(D)R(D)$$

がなりたつ. $P(D)R(D)$ は割り算の余りに相当するので,

$$P(D)R(D) = R_{k+1}D^{k+1} + \cdots + R_{k+n}D^{k+n}$$

の形の多項式になる. $f(x)$ は k 次の多項式だから,

$$f(x) = P(D)Q(D)f(x) + P(D)R(D)f(x) = P(D)Q(D)f(x)$$

これは $Q(D)f(x) = (1/P(D))f(x)$ を意味する. 後半も, $B_1D^{-1} + B_0 + B_1D + \cdots + B_kD^k = Q(D)$ とおけば, 全く同様に示される.

例 9 次の方程式の特殊解を求めよ.
(1) $y' + y = x^2 + x$
(2) $y'' + 2y' = x$

解 例 8 を用いる.
(1) 商が 2 次になるまで昇べきに割り算を行うと[6]

$$\frac{1}{1+D} = 1 - D + D^2 + \cdots$$

したがって,

$$y_p(x) = \frac{1}{1+D}(x^2 + x)$$
$$= (1 - D + D^2)(x^2 + x) = x^2 - x + 1$$

(2) 同様に[7]

$$\frac{1}{2D + D^2} = \frac{1}{2}\frac{1}{D} - \frac{1}{4} + \frac{1}{8}D + \cdots$$

したがって,

$$y_p(x) = \frac{1}{2D + D^2}x = \left(\frac{1}{2}\frac{1}{D} - \frac{1}{4} + \frac{1}{8}D\right)x$$
$$= \frac{1}{4}x^2 - \frac{1}{4}x + \frac{1}{8}$$

---

[6] テーラー展開 (等比級数) の公式 $\dfrac{1}{1-\lambda} = 1 + \lambda + \lambda^2 + \cdots$ も便利である.

[7] $\dfrac{1}{2D + D^2} = \dfrac{1}{2D}\dfrac{1}{1 - (D/2)} = \dfrac{1}{2D}\left(1 - \left(\dfrac{D}{2}\right) + \left(\dfrac{D}{2}\right)^2 + \cdots\right)$ としてもよい.

例 10 $(D^2 - 2D + 2)y = x^2 e^x$ の特殊解を求めよ．

解 要点 7 を用いる．

$$y_\mathrm{p} = \frac{1}{D^2 - 2D + 2}x^2 e^x = e^x \frac{1}{(D+1)^2 - 2(D+1) + 2}x^2$$
$$= e^x \frac{1}{D^2 + 1}x^2 = e^x(1 - D^2 + \cdots)x^2 = e^x(x^2 - 2)$$

例 11 $(D^2 - 2D - 1)y = x\cos x$ の特殊解を求めよ．

解 例 5，例 8 を用いる．

$$y_\mathrm{p} = \frac{1}{D^2 - 2D - 1}x\cos x = \mathrm{Re}\,\frac{1}{D^2 - 2D - 1}xe^{ix}$$
$$= \mathrm{Re}\,e^{ix}\frac{1}{(D+i)^2 - 2(D+i) - 1}x$$
$$= \mathrm{Re}\,e^{ix}\frac{1}{D^2 + 2(i-1)D - 2(1+i)}x$$
$$= \mathrm{Re}\,e^{ix}\left(-\frac{1-i}{4} - \frac{1+i}{4}D + \cdots\right)x$$
$$= \mathrm{Re}(\cos x + i\sin x)\left(-\frac{x+1}{4} + i\frac{x-1}{4}\right)$$
$$= -\frac{x+1}{4}\cos x - \frac{x-1}{4}\sin x$$

例 12 次の方程式の特殊解を求めよ．
 (1) $(D - \lambda)y = f(x)$
 (2) $(D - \lambda)^2 y = f(x)$

解 (1) 要点 7 を用いて

$$y_\mathrm{p} = \frac{1}{D - \lambda}f(x) = \frac{1}{D - \lambda}e^{\lambda x}e^{-\lambda x}f(x)$$
$$= e^{\lambda x}\frac{1}{D}e^{-\lambda x}f(x) = e^{\lambda x}\int_0^x e^{-\lambda t}f(t)dt$$
$$= \int_0^x e^{\lambda(x-t)}f(t)dt$$

(2) 同様にして

$$
\begin{aligned}
y_\mathrm{p} &= \frac{1}{(D-\lambda)^2}f(x) = \frac{1}{(D-\lambda)^2}e^{\lambda x}e^{-\lambda x}f(x) \\
&= e^{\lambda x}\frac{1}{D^2}e^{-\lambda x}f(x) = e^{\lambda x}\int_0^x \left(\int_0^u e^{-\lambda t}f(t)\,dt\right)du \\
&= \int_0^x (x-t)e^{\lambda(x-t)}f(t)\,dt
\end{aligned}
$$

例 13 $P(D) = D^2 + pD + q$ (p, q : 実数) とする. 判別式 $p^2 - 4q \neq 0$ のとき, 2 根を λ_1, λ_2 と表し, 部分分数分解

$$\frac{1}{(D-\lambda_1)(D-\lambda_2)} = \frac{1}{\lambda_1 - \lambda_2}\left(\frac{1}{D-\lambda_1} - \frac{1}{D-\lambda_2}\right)$$

を用いて, 方程式 $P(D)y = f(x)$ の特殊解を求めよ.

解

$$\frac{1}{(D-\lambda_1)(D-\lambda_2)}f(x) = \frac{1}{\lambda_1 - \lambda_2}\left(\frac{1}{D-\lambda_1}f(x) - \frac{1}{D-\lambda_2}f(x)\right)$$

がなりたつ. 実際

$$
\begin{aligned}
P(D)&\frac{1}{\lambda_1 - \lambda_2}\left(\frac{1}{D-\lambda_1}f(x) - \frac{1}{D-\lambda_2}f(x)\right) \\
&= \frac{1}{\lambda_1 - \lambda_2}\{(D-\lambda_2)f(x) - (D-\lambda_1)f(x)\} = f(x)
\end{aligned}
$$

したがって,

$$
\begin{aligned}
y_\mathrm{p} &= \frac{1}{\lambda_1 - \lambda_2}\left(\frac{1}{D-\lambda_1}f(x) - \frac{1}{D-\lambda_2}f(x)\right) \\
&= \frac{1}{\lambda_1 - \lambda_2}\left(\int_0^x e^{\lambda_1(x-t)}f(t)\,dt - \int_0^x e^{\lambda_2(x-t)}f(t)\,dt\right) \\
&= \int_0^x \frac{e^{\lambda_1(x-t)} - e^{\lambda_2(x-t)}}{\lambda_1 - \lambda_2}f(t)\,dt
\end{aligned}
$$

λ_1, λ_2 が複素数のときは, $\lambda_1 = \alpha + i\beta$, $\lambda_2 = \alpha - i\beta$ と表すと

$$
\begin{aligned}
y_\mathrm{p} &= \int_0^x \frac{e^{(\alpha+i\beta)(x-t)} - e^{(\alpha-i\beta)(x-t)}}{2i\beta}f(t)\,dt \\
&= \int_0^x e^{\alpha(x-t)}\frac{\sin\beta(x-t)}{\beta}f(t)\,dt
\end{aligned}
$$

注　積分 $\int_0^x f(x-t)g(t)dt$ は $f(x)$ と $g(x)$ の合成積 とよばる重要なもので，記号 $f*g$ で表される．

======================= 問 題 2.5 =======================

問 1 次の微分方程式の一般解を求めよ．
(1) $\dfrac{d^2y}{dx^2} + 2\dfrac{dy}{dx} + 2y = 1$　　(2) $\dfrac{d^2y}{dx^2} + 3\dfrac{dy}{dx} + 2y = e^{-2x}$
(3) $\dfrac{d^2y}{dx^2} - 2\dfrac{dy}{dx} + 2y = e^x \cos x$　　(4) $\dfrac{d^2y}{dx^2} + 2\dfrac{dy}{dx} + 3y = 2e^{-x} \sin x$
(5) $\dfrac{d^2y}{dx^2} + y = \cos x$　　(6) $\dfrac{d^2y}{dx^2} + 2\dfrac{dy}{dx} + y = x$
(7) $\dfrac{d^2y}{dx^2} - 2\dfrac{dy}{dx} - 2y = xe^{-x}$　　(8) $\dfrac{d^2y}{dx^2} + y = 2x\cos x$

問 2 次の初期値問題をとけ．
(1) $\dfrac{d^2y}{dx^2} + 4\dfrac{dy}{dx} + 5y = xe^{-x}$,　　$y(0) = -1, y'(0) = 1$
(2) $\dfrac{d^2y}{dx^2} - 4\dfrac{dy}{dx} + 4y = 2e^x \sin x$,　　$y(0) = 0, y'(0) = 1$
(3) $\dfrac{d^2y}{dx^2} - \dfrac{dy}{dx} - 2y = e^x + 2x$,　　$y(0) = 1, y'(0) = \dfrac{1}{2}$
(4) $\dfrac{d^2y}{dx^2} - \dfrac{dy}{dx} - 2y = e^x(2x^2 + 4x)$,　　$y(0) = \dfrac{1}{2}, y'(0) = -\dfrac{5}{2}$
(5) $\dfrac{d^2y}{dx^2} + 2\dfrac{dy}{dx} + 2y = x^2 e^{-x}$,　　$y(0) = -1, y'(0) = 1$

問 3 3階の線形斉次方程式
$$y''' + ay'' + by' + cy = 0$$
について，次の (1),(2) を示せ．

(1) 特性方程式 $P(\lambda) = \lambda^3 + a\lambda^2 + b\lambda + c = 0$ のすべての根が負の実部をもつ，つまり複素平面上で虚軸の左側にあるための必要十分条件は係数が
$$a > 0,\ b > 0,\ c > 0,\ ab > c$$
を満たすことである．

(2) 係数が (1) の条件を満たすとき，上記の微分方程式の一般解 $y(x)$ は
$$\lim_{x \to +\infty} y(x) = 0$$
を満たす．

2.6 応用例

【要 点】

1. ばねによる振動

ばねは変位が小さいと，ばねの伸び，縮みに比例 (比例定数 $k > 0$: 弾性係数という) する復元力が働く (フック (Hooke) の法則)．ばねが固定した上端から鉛直につるされている．ばねの下端に質量 m のおもりをつるしたとき，ばねは ℓ だけ伸びて釣り合ったとする．このとき，復元力は $-k\ell$．釣り合いの式は

$$mg - k\ell = 0.$$

釣り合いの位置を原点に，鉛直下方を正の向きにとり，時刻 t でのおもりの変位を $x(t)$ とする．おもりに働く力は $mg - k(x + \ell) = -kx$．したがって，ニュートンの第2法則より運動方程式は

$$m\frac{d^2 x}{dt^2} = -kx. \tag{1}$$

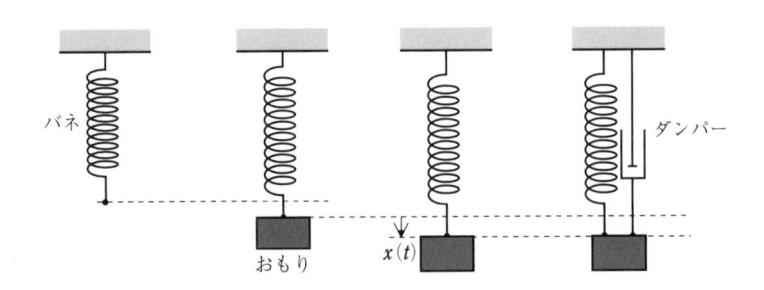

図 2.1 バネの振動

次に，ダンパー (衝撃を緩和するための装置) をとりつける．ダンパーにより，速度に比例 (比例定数 $a > 0$) する抵抗 $-a dx/dt$ が働くものとする．この比例定数は抵抗係数あるいは摩擦係数とよばれる．このときの運動方程式は

$$m\frac{dx}{dt} = -kx - a\frac{dx}{dt} \tag{2}$$

さらに，支点を強制的に動かし，変位 $f(t)$ を与えたときの運動を考える．このときばねの伸びは $\ell + x(t) - f(t)$ だから，おもりに働く力は

$$mg - k(\ell + x(t) - f(t)) - a\frac{dx}{dt}$$

したがって，おもりの運動方程式は

$$m\frac{d^2x}{dt^2} + a\frac{dx}{dt} + kx = kf(t) \qquad (3)$$

2. **電気回路**

2端素子である抵抗，コイル，コンデンサーと電圧源からなる電気回路を考えよう．2端素子 ab の点 a から点 b に流れる電流を $I_{\mathrm{ab}}(t)$,2 点 a,b 間の電位差を $U_{\mathrm{ab}}(t)$ とする．$I_{\mathrm{ba}}(t) = -I_{\mathrm{ab}}(t)$, $U_{\mathrm{ba}}(t) = -U_{\mathrm{ab}}(t)$ である．
2端素子 ab の状態は，時刻 t における電流 $I_{\mathrm{ab}}(t)$ と電位差 $U_{\mathrm{ab}}(t)$ により記述され，電流と電位差に関する物理法則は，

- 2端素子 ab が抵抗の場合はオーム (Ohm) の法則：

$$U_{\mathrm{ab}}(t) = RI_{\mathrm{ab}}(t)$$

- 2端素子 ab がコイルの場合はファラデー (Farady) の法則：

$$U_{\mathrm{ab}}(t) = L\frac{dI_{\mathrm{ab}}(t)}{dt}$$

- 2端素子 ab がコンデンサーの場合は

$$\frac{dQ(t)}{dt} = I_{\mathrm{ab}}(t), \quad Q(t) = CU_{\mathrm{ab}}(t)$$

ここで，R は抵抗，L はインダクタンス，C は容量とよばれる正の定数であり，$Q(t)$ は時刻 t でのコンデンサーの電荷量を表す．
回路網の電流，電圧を支配するのは2つのキルヒホフ (Kirchhoff) の法則である．

- キルヒホフの第1法則：「回路網の任意の1つの接続点に流れ込む電流の総和は0である」．この法則によると，図 2.2 の接続点 a において

$$I_{\mathrm{b_1a}}(t) + I_{\mathrm{b_2a}}(t) + \cdots + I_{\mathrm{b_na}}(t) = 0$$

がなりたつ．
- キルヒホフの第2法則：「回路網の任意の閉回路に沿う電位差の総和は0である」．この第2法則によると，図 2.3 において $\mathrm{a_1a_2, a_2a_3, \cdots, a_na_1}$ が閉じているとすると

$$U_{\mathrm{a_1a_2}}(t) + U_{\mathrm{a_2a_3}}(t) + \cdots + U_{\mathrm{a_na_1}}(t) = 0$$

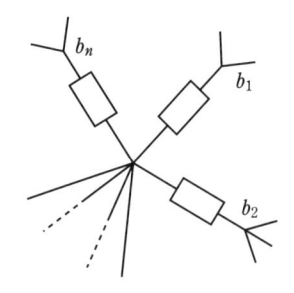

図 2.2 キルヒホフの第 1 法則

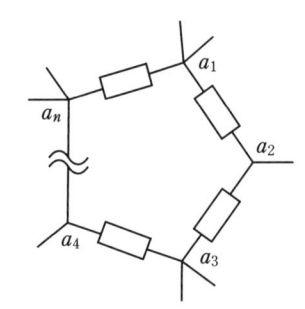

図 2.3 キルヒホフの第 2 法則

次の LRC 回路を考えよう (図 2.4). この回路は, 接続点 a, b, c, d と 2 端素子 ab, bc, cd, da からなる回路である. 接続点 b に, キルヒホフの第 1 法則を適用すると, $I_{\mathrm{ab}}(t) + I_{\mathrm{cb}}(t) = 0$, すなわち $I_{\mathrm{ab}}(t) = I_{\mathrm{bc}}(t)$ である. 他の接続点でも同様で $I_{\mathrm{ab}}(t) = I_{\mathrm{bc}}(t) = I_{\mathrm{cd}}(t) = I_{\mathrm{da}}(t)$ がなりたつ. これを $I(t)$ と書く.
各 2 端素子では

$$U_{\mathrm{ab}}(t) = L\frac{dI(t)}{dt}$$

$$U_{\mathrm{bc}}(t) = RI(t)$$

$$\frac{dQ(t)}{dt} = I(t), \quad CU_{\mathrm{cd}}(t) = Q(t)$$

$$U_{\mathrm{da}}(t) = -U_{\mathrm{ad}}(t)$$

ここで, $Q(t)$ は時刻 t での電荷量を表す.
電圧源を $U_{\mathrm{ad}}(t) = E(t)$ で表すと, キルヒホフの第 2 法則より $U_{\mathrm{ab}}(t) +$

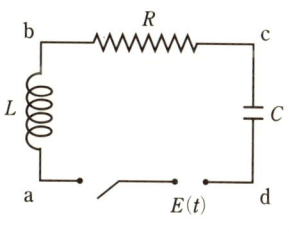

図 2.4　LRC 回路

$U_{bc}(t) + U_{cd}(t) + U_{da}(t) = 0$ であるから

$$L\frac{dI}{dt} + RI + \frac{1}{C}Q(t) = E(t)$$

したがって，$Q(t)$ および $I(t)$ に関する方程式

$$L\frac{d^2Q}{dt^2} + R\frac{dQ}{dt} + \frac{1}{C}Q = E(t) \tag{4}$$

$$L\frac{d^2I}{dt^2} + R\frac{dI}{dt} + \frac{1}{C}I = \frac{dE(t)}{dt} \tag{5}$$

注　方程式 (3) と (5) において，係数の文字は違うが変位 x と電流 I, 質量 m とインダクタンス L, 摩擦係数 a と抵抗 R, 弾性係数 k と容量の逆数 $1/C$, 外力 f と起電力の微分 $E'(t)$ が対応していると考えると，これらは実質同じ微分方程式と考えられる．

【 例 】

例 1　(非減衰振動) 弾性係数が k のばねの一端を固定し，他端に質量 m のおもりをつると，ばねは ℓ だけ伸びて釣り合った．おもりをさらに x_0 だけ伸ばし静かに離した．このときのばねの運動を説明せよ．

解　〈式をたてる〉釣り合いの式は $mg = k\ell$. 下向きを正の向きとし，時刻 t での，釣り合い状態からのおもりの変位を $x(t)$ と表す．ばねに働く

力は $mg - k(\ell + x) = -kx$ だから，運動方程式は

$$m\frac{d^2x}{dt^2} + kx = 0$$

これは定数係数の 2 階線形斉次微分方程式である．また，題意より初期条件は

$$x(0) = x_0, \quad \frac{dx}{dt}(0) = 0$$

〈方程式を解く〉特性方程式は $m\lambda^2 + k = 0$. ゆえに，特性根は $\lambda = \pm i\omega_0$, $\omega_0 = \sqrt{k/m}$. したがって，一般解 $x(t)$ は，A, B を任意定数として，

$$x(t) = A\cos\omega_0 t + B\sin\omega_0 t$$

初期条件より，$x(0) = x_0 = A$, $(dx/dt)(0) = B\omega_0 = 0$ より $B = 0$. したがって

$$x(t) = x_0 \cos\omega_0 t$$

〈解の検討〉おもりは単振動する (調和振動ともいう)．振動数は $\omega_0/2\pi$ で，k が大きいほど，また m が小さいほど大きい．

例 2 (減衰振動) 例 1 のおもりに抵抗係数が a のダンパーをつけるとばねはどのように運動するか．

解 〈式をたてる〉ダンパーにより速度に比例する力が加わるので，おもりに働く力は

$$mg - k(\ell + x) - a\frac{dx}{dt} = -kx - a\frac{dx}{dt}$$

したがって，運動方程式は

$$m\frac{d^2x}{dt^2} + a\frac{dx}{dt} + kx = 0$$

初期条件は例 1 と同じで

$$x(0) = x_0, \quad \frac{dx}{dt}(0) = 0$$

解　方程式を解く特性方程式は

$$m\lambda^2 + a\lambda + k = 0.$$

(i) $a^2 - 4mk > 0$ のとき，特性方程式は，2 実根

$$\lambda_1 = \frac{-a + \sqrt{a^2 - 4mk}}{2m}, \quad \lambda_2 = \frac{-a - \sqrt{a^2 - 4mk}}{2m}$$

をもつ．ともに負である．一般解 $x(t)$ は，A, B を任意定数として

$$x(t) = Ae^{\lambda_1 t} + Be^{\lambda_2 t}.$$

初期条件より $x(0) = A + B = x_0$, $(dx/dt)(0) = A\lambda_1 + B\lambda_2 = 0$. これより A, B が求まり，解

$$x(t) = \frac{x_0}{\lambda_1 - \lambda_2}(\lambda_1 e^{\lambda_2 t} - \lambda_2 e^{\lambda_1 t})$$

(ii) $a^2 - 4mk < 0$ のとき，特性方程式は，複素共役な根

$$\lambda_1 = -\alpha + i\beta, \quad \lambda_2 = -\alpha - i\beta \quad \left(\alpha = \frac{a}{2m} > 0, \ \beta = \frac{\sqrt{4mk - a^2}}{2m}\right)$$

をもつ．一般解は

$$x(t) = e^{-\alpha t}(A\cos\beta t + B\sin\beta t)$$

初期条件より，$x(0) = A = x_0$, $(dx/dt)(0) = -A\alpha + B\beta = 0$. これより A, B を求めると，解

$$x(t) = x_0 e^{-\alpha t}\left(\cos\beta t + \frac{\alpha}{\beta}\sin\beta t\right)$$

$$= \frac{\sqrt{\alpha^2 + \beta^2}}{\beta} x_0 e^{-\alpha t} \cos(\beta t - \theta), \quad \tan\theta = \frac{\alpha}{\beta}$$

(iii) $a^2 - 4mk = 0$ のとき，特性方程式は，重根 $\lambda = -\alpha$, $\alpha = a/2m > 0$ をもつ．一般解は

$$x(t) = (A + Bt)e^{-\alpha t}.$$

初期条件より, $x(0) = A = x_0$, $(dx/dt)(0) = -\alpha A + B = 0$. よって, $B = \alpha x_0$. したがって,

$$x(t) = x_0(1 + \alpha t)e^{-\alpha t}.$$

〈解の検討〉$a^2 - 4mk > 0$ のとき, $\lambda_2 < \lambda_1 < 0$ であり, おもりは時間の経過とともに減衰し, 振動せずに静止状態に近づく. $a^2 - 4mk = 0$ のときも同様である. $a^2 - 4mk < 0$ のときは, $\alpha > 0$ だから, おもりは時間の経過とともに振動しながら減衰し静止状態に近づく (図 2.5 は $x_0 = 1$, $m = k = 1$, $a = 1, 2, 3$ の時の減衰の様子を示す).

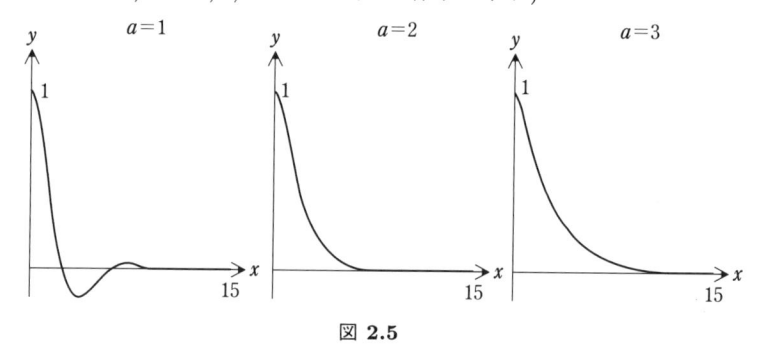

図 2.5

例3 (非減衰強制振動) 例1において, 上端を固定せず, 強制的に振動させ変位 $h\sin\omega t$ ($h > 0, \omega > 0$) を与える (下向きを正の向きとする). おもりの運動を説明せよ. ただし, 初期変位, 初速度は 0 とする.

解 〈式をたてる〉時刻 t でのおもりの変位を $x(t)$ と表す. ばねの伸びは $\ell + x - h\sin\omega t$ だから, おもりに加わる力は $mg - k(\ell + x - h\sin\omega t) = -kx + kh\sin\omega t$. したがって, おもりの運動方程式は

$$m\frac{d^2x}{dt^2} + kx = kh\sin\omega t$$

また初期条件は

$$x(0) = 0, \quad \frac{dx}{dt}(0) = 0$$

〈方程式を解く〉$k/m = \omega_0^2$ とおくと, 特性方程式は $m\lambda^2 + m\omega_0^2 = 0$. よって, 特性根は $\pm i\omega_0$ となり, 基本解は $\sin\omega_0 t, \cos\omega_0 t$. 次に特殊解を

求めよう．複素化し
$$m\frac{d^2z}{dt^2} + kz = khe^{i\omega t}$$
$\omega \neq \omega_0$ なら
$$z_p = \frac{1}{mD^2 + k}khe^{i\omega t} = \frac{\omega_0^2 h}{-\omega^2 + \omega_0^2}e^{i\omega t}$$
であるから，求める特殊解 $x_p(t)$ は
$$x_p(t) = \frac{\omega_0^2 h}{(\omega_0^2 - \omega^2)}\sin\omega t.$$
したがって，一般解は
$$x(t) = C_1 \sin\omega_0 t + C_2 \cos\omega_0 t + \frac{\omega_0^2 h}{(\omega_0^2 - \omega^2)}\sin\omega t.$$
初期条件より，$x(0) = C_2 = 0, (dx/dt)(0) = C_1\omega_0 + \omega_0^2\omega h/(\omega_0^2 - \omega^2) = 0$．よって $C_1 = -h\omega_0\omega/(\omega_0^2 - \omega^2)$．したがって，解は
$$x(t) = \frac{h\omega_0}{\omega_0^2 - \omega^2}(\omega_0 \sin\omega t - \omega \sin\omega_0 t)$$
また，$\omega = \omega_0$ なら，同様にして解は
$$x(t) = \frac{h}{2}(\sin\omega_0 t - \omega_0 t \cos\omega_0 t)$$
〈解の検討〉$\omega \neq \omega_0$ のとき，解は次のようにも書くことができる．
$$x(t) = \frac{h\omega_0}{\omega_0 - \omega}\cos\frac{\omega_0 + \omega}{2}t \sin\frac{\omega_0 - \omega}{2}t$$
$$+ \frac{h\omega_0}{\omega_0 + \omega}\sin\frac{\omega_0 + \omega}{2}t \cos\frac{\omega_0 - \omega}{2}t$$

ω が ω_0 に近いとき，解は大きな振動数 $(\omega_0 + \omega)/2$ の波と小さな振動数 $|\omega_0 - \omega|/2$ の波の積を重ね合わせたものであり，また第1項の振幅 $h\omega_0/(m(\omega_0 - \omega))$ は支点の振幅 h に比べずっと大きい．この現象は，唸り (うなり) といわれる (図2.6)．$\omega = \omega_0$ のときは，振幅が時間とともにどんどん大きくなり，系は壊れる (共振)．

図 2.6

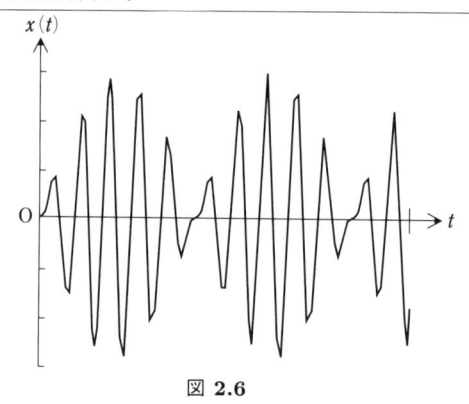

例 4 (減衰強制振動) 例 2 において，上端を固定せず，強制的に振動させ，変位 $h\sin\omega t$ ($h>0$, $\omega>0$) を与える (下向きを正の向きとする)．おもりの運動を説明せよ．ただし，初期変位，初速度は 0 とする．

解 〈式を立てる〉ダンパーにより，おもりに抵抗 $-a\,dx/dt$ が働くので，運動方程式は

$$m\frac{d^2x}{dt^2} + a\frac{dx}{dt} + kx = kh\sin\omega t$$

また，初期条件は

$$x(0) = 0, \quad \frac{dx}{dt}(0) = 0$$

〈方程式を解く〉特殊解 $x_\mathrm{p}(t)$ を求める．

$$\begin{aligned}
x_\mathrm{p}(t) &= \mathrm{Im}\,\frac{1}{mD^2 + aD + k}khe^{i\omega t} \\
&= \mathrm{Im}\,\frac{1}{m(i\omega)^2 + a(i\omega) + k}khe^{i\omega t} \\
&= \frac{kh}{(-m\omega^2 + k)^2 + (a\omega)^2}\{(-m\omega^2 + k)\sin\omega t - a\omega\cos\omega t\}
\end{aligned}$$

また，特性方程式は $m\lambda^2 + a\lambda + k = 0$. $a^2 - 4mk < 0$ のときは，余関数は

$$x_\mathrm{c}(t) = e^{-\alpha t}(C_1 \cos\beta t + C_2 \sin\beta t)$$

ここで $\alpha = a/(2m)$, $\beta = \sqrt{4mk - a^2}/2m$. 一般解は

$$x(t) = x_\mathrm{p}(t) + x_\mathrm{c}(t)$$

初期条件より

$$C_1 = \frac{akh\omega}{(-m\omega^2 + k)^2 + (a\omega)^2}$$
$$C_2 = \frac{akh\omega\alpha - (-m\omega^2 + k)kh\omega}{\beta\{(-m\omega^2 + k)^2 + (a\omega)^2\}}$$

これで解が得られた ($a^2 - 4mk \geqq 0$ の場合は省略. 例 2 参照).
〈解の検討〉$\alpha > 0$ なので, t とともに $x_\mathrm{c}(t)$ は 0 に近づく. $x_\mathrm{c}(t)$ は過渡項とよばれ, 時間がたてば影響がなくなる. それに対し, $x_\mathrm{p}(t)$ は定常項とよばれる (図 2.7).

$$x_\mathrm{p}(t) = \frac{kh}{\sqrt{(-m\omega^2 + k)^2 + (a\omega)^2}} \sin(\omega t - \theta), \quad \tan\theta = \frac{a\omega}{-m\omega^2 + k}$$

と表せる. θ は入力 (支点の振動) に対する定常出力 (おもりの振動) の位相のずれを表す. 定常項の振幅は ω によって変化する. $2mk - a^2 \geqq 0$ のとき, $\omega = \sqrt{(2mk - a^2)/(2m^2)}$ で, $2mk - a^2 < 0$ のとき, $\omega = 0$ で定常項の振幅は最大となる. また, $\omega \to \infty$ なら, 定常項の振幅は 0 に近づく.

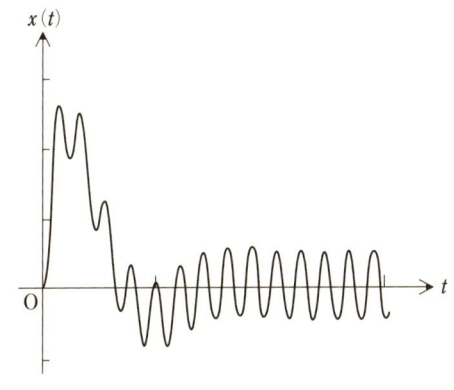

図 **2.7**

例5 コイル (インダクタンス L), コンデンサー (容量 C) と直流電池 (電圧 E) からなる回路がある.スイッチを閉じると,時間 t とともにコンデンサーの電荷量 $Q(t)$ はどのようになるか.ただし,$Q(0) = (dQ/dt)(0) = 0$ とする.

解 〈式を立てる〉流れる電流を $I(t)$ と記す.コイル,コンデンサーによる電圧降下はそれぞれ $L(dI/dt)$, Q/C. また,$I = dQ/dt$. よって,キルヒホフの法則により,

$$L\frac{d^2Q}{dt^2} + \frac{Q}{C} = E$$

〈方程式を解く〉特性方程式は $L\lambda^2 + 1/C = 0$. よって特性根は $\pm i\omega_0, \omega_0 = 1/\sqrt{LC}$. したがって,基本解は $\sin\omega_0 t, \cos\omega_0 t$. 特殊解は $Q_\mathrm{p}(t) = CE$ (定数解).よって,一般解は

$$Q(t) = CE + C_1 \sin\omega_0 t + C_2 \cos\omega_0 t$$

条件より,$Q(0) = CE + C_2 = 0$, $(dQ/dt)(0) = C_1\omega_0 = 0$. よって,$C_1 = 0, C_2 = -CE$ だから,求める解は

$$Q(t) = CE(1 - \cos\omega_0 t)$$

〈解の検討〉コイルの影響で電荷量は一定値 CE を中心に振動を続ける.

======= 問 題 2.6 =======

問 1 例1において,初期変位は 0 とし,代わりに初速度 v_0 を与えると,おもりの運動はどうなるか.

問 2 抵抗 R とコンデンサー (容量 C) と電圧 V の電池からなる回路のスイッチを閉じるとコンデンサーの電荷量 $Q(t)$ はどうなるか.ただし,$Q(0) = 0$ とする.

問 3 コイル (インダクタンス L), 抵抗 (R), コンデンサー (容量 C) と交流電源 ($E(t) = A\sin\omega t$) からなる回路のスイッチを閉じる.流れる電流 $I(t)$ とコンデンサーの電荷量 $Q(t)$ を求めよ.ただし,$Q(0) = I(0) = 0$ とする.

2.7 境界値問題

【要点】

1. 2階の微分方程式

$$y'' = f(x, y, y') \tag{1}$$

を区間 $a < x < b$ で考え，両端 $x = a$, $x = b$ で条件 (境界条件) を与えて解を求める問題を境界値問題 という．

2. 境界条件 としては次の4つが代表的である．
 (a) $y(a) = A$, $y(b) = B$ （ディリクレ条件）
 (b) $y'(a) = A$, $y'(b) = B$ （ノイマン条件）
 (c) $y'(a) + ky(a) = A$, $y'(b) + \ell y(b) = B$ （第3種境界条件）
 (d) $y(a) = y(b)$, $y'(a) = y'(b)$ （周期的境界条件）
 物理的意味から，(a) は固定端，また $A = B = 0$ のとき (b) は自由端，(c) は弾性的束縛ともよばれる．

【例】

例1 次の境界値問題の解を求めよ．

$$\begin{cases} y'' = 1, & 0 < x < 1 \\ y(0) = y(1) = 0 \end{cases}$$

解 一般解は $y = x^2/2 + C_1 x + C_2$ だから，境界条件より，$y(0) = C_2 = 0$. また，$y(1) = 1/2 + C_2 = 0$ より，$C_2 = -1/2$. したがって，解は

$$y = x^2/2 - x/2.$$

例2 次の境界値問題の解を求めよ．

$$\begin{cases} y'' = f(x), & 0 < x < 1 \\ y(0) = y(1) = 0 \end{cases}$$

解 一般解は

$$y = \int_0^x (x-t)f(t)dt + C_1 x + C_2$$

だから，境界条件より，$y(0) = C_2 = 0$. $y(1) = \int_0^1 (1-t)f(t)dt + C_1 = 0$.
したがって解は

$$y = \int_0^x (x-t)f(t)dt - x\int_0^1 (1-t)f(t)dt.$$

ところで，$G(x,t)$ を

$$G(x,t) = \begin{cases} t(x-1), & 0 \leqq t < x \\ x(t-1), & x \leqq t \leqq 1 \end{cases}$$

と定義すれば解は

$$y = \int_0^1 G(x,t)f(t)dt$$

と表せる．$G(x,t)$ はこの境界値問題のグリーン関数とよばれる．

例3 λ をパラメータとする次の境界値問題が自明でない解 (つまり $y(x) \not\equiv 0$) をもつための λ の値とそのときの解を求めよ (固有値問題 という)[8]．

$$\begin{cases} -y'' + \lambda y = 0, & 0 < x < 1 \\ y(0) = y(1) = 0 \end{cases}$$

解 $\lambda > 0$ のとき，一般解は

$$y = C_1 e^{\sqrt{\lambda}x} + C_2 e^{-\sqrt{\lambda}x}$$

だから境界条件より，$y(0) = C_1 + C_2 = 0$. $y(1) = C_1 e^{\sqrt{\lambda}} + C_2 e^{-\sqrt{\lambda}} = 0$.
したがって $C_1 = C_2 = 0$ となり，自明な解しかない．
$\lambda = 0$ のときは，一般解は

$$y = C_1 + C_2 x$$

---

[8] 自明でない解をもつ λ の値を固有値，そのときの解を固有関数という．

だから境界条件より，$y(0) = C_1 = 0$. $y(1) = C_2 = 0$. したがって，やはり自明な解しかない．

$\lambda < 0$ のとき，$\lambda = -k^2$ とおくと，一般解は

$$y = C_1 \sin kx + C_2 \cos kx$$

だから境界条件より，$y(0) = C_2 = 0$. $y(1) = C_1 \sin k = 0$. したがって，$k = n\pi$ $(n = 1, 2, \cdots)$ ならば自明でない解をもつ．よって

固有値： $\lambda = -(n\pi)^2$,
固有関数： $C \sin n\pi x$, $C \neq 0$
$n = 1, 2, 3, \cdots$

が得られる．

================ 問　題　2.7 ================

問 1　次の境界値問題を解け．
(1) $y'' = \sin x$, $0 < x < \pi/2$, $y(0) = y(\pi/2) = 0$
(2) $y'' - y = e^x$, $0 < x < 1$, $y(0) = 0, y'(1) = 0$
(3) $y'' - y = f(x)$, $0 < x < 1$, $y(0) = 0, y'(1) = 0$

問 2　次の固有値問題を解け．
(1) $-y'' = \lambda y$, $0 < x < 1$, $y'(0) = y'(1) = 0$
(2) $-y'' = \lambda y$, $0 < x < 1$, $y'(0) = 0, y(1) = 0$

問 3　境界値問題
$$\begin{cases} -y'' + \lambda y = 0, & 0 < x < 1 \\ y(0) = y(1) = 0 \end{cases}$$
の解について次のことを示せ．
(1) $\int_0^1 \{y'(x)^2 + \lambda y(x)^2\} dx = 0$.　(2) $\lambda \geqq 0$ なら，自明な解 $y \equiv 0$ しかない．

第3章

微分方程式系

3.1 基本概念

【要 点】

1. 変数 t, 2つの未知関数 $x(t), y(t)$ およびその1階の導関数 $dx/dt, dy/dt$ の関係式 (等式)

$$\frac{dx}{dt} = f(t,x,y) \tag{1}$$

$$\frac{dy}{dt} = g(t,x,y) \tag{2}$$

を1階の微分方程式系 (あるいは連立微分方程式) という．未知関数が3つ以上の場合も同様である．

2. 消去法 を用いた解法： 方程式の一方，たとえば第1式を t で微分し

$$\frac{d^2x}{dt^2} = f_t + f_x \frac{dx}{dt} + f_y \frac{dy}{dt} \tag{3}$$

ここで， $f_t = \partial f/\partial t$, f_x, f_y も同様．3つの式より，$y, dy/dt$ を消去し，$t, x, dx/dt, d^2x/dt^2$ についての式 (x についての2階微分方程式) を得る．それを解き x を求め，第1式に代入して，次に y を求める．2つの任意定数を含む解 (一般解) が得られる[1]．

---

[1] 第1式に y が含まれない場合は，x についての1階微分方程式であるから，まず x を求める．次に，それを第2式に代入して y についての方程式と見て解けばよい．第2式に x が含まれない場合も同様である．

3. とくに，(1),(2) の右辺が x, y の 1 次式であるとき，線形微分方程式系という．

$$\frac{dx}{dt} = a(t)x + b(t)y + f(t) \qquad (4)$$

$$\frac{dy}{dt} = c(t)x + d(t)y + g(t) \qquad (5)$$

4. a, b, c, d が定数のときは，微分演算子 $D = d/dt$ を用いると，(4), (5) は

$$(D-a)x - by = f(t), \quad -cx + (D-d)y = g(t)$$

となる．前者に $D-d$ を作用させ，後者を b 倍すると

$$(D-d)(D-a)x - b(D-d)y = (D-d)f(t), \quad -bcx + b(D-d)y = bg(t)$$

辺どうしを加えると

$$\{(D-d)(D-a) - bc\}x = (D-d)f(t) + bg(t)$$

となり，x についての 2 階微分方程式が容易に得られる (微分演算子による消去法)．

【 例 】

例 1 次の微分方程式を解け．

$$\begin{cases} \dfrac{dx}{dt} = -y \\ \dfrac{dy}{dt} = x \end{cases}$$

解 第 1 式を微分し

$$\frac{d^2x}{dt^2} = -\frac{dy}{dt}$$

この式と第 2 式より

$$\frac{d^2x}{dt^2} + x = 0$$

この 2 階の方程式の一般解は

$$x = C_1 \sin t + C_2 \cos t.$$

第 1 式に代入して

$$y = -C_1 \cos t + C_2 \sin t.$$

以上により，求める一般解は

$$\begin{cases} x = C_1 \sin t + C_2 \cos t \\ y = -C_1 \cos t + C_2 \sin t \end{cases}$$

例 2 次の微分方程式を解け．

$$\begin{cases} \dfrac{dx}{dt} = -2x + 2y + \cos t \\ \dfrac{dy}{dt} = -4x + 2y \end{cases}$$

解 $D = d/dt$ と記すと

$$(D+2)x - 2y = \cos t, \quad 4x + (D-2)y = 0.$$

前者に $D-2$ を作用させ，後者を 2 倍すると

$$(D-2)(D+2)x - 2(D-2)y = (D-2)\cos t, \quad 8x + 2(D-2)y = 0.$$

辺どうしを加えると

$$(D^2 + 4)x = -\sin t - 2\cos t.$$

これは x についての 2 階線形方程式である．
特性根は，$\lambda^2 + 4 = 0$ より $\lambda = \pm 2i$．よって，基本解は $\sin 2t, \cos 2t$.
次に特殊解を

$$x_\mathrm{p} = A \sin t + B \cos t$$

とおき，方程式に代入する．

$$(-A + 4A)\sin t + (-B + 4B)\cos t = -\sin t - 2\cos t$$

だから $A = -1/3$, $B = -2/3$ となり

$$x_p = -\frac{1}{3}\sin t - \frac{2}{3}\cos t$$

したがって，

$$x = -\frac{1}{3}\sin t - \frac{2}{3}\cos t + C_1 \sin 2t + C_2 \cos 2t.$$

また，方程式より $y = -(1/2)\cos t + (1/2)Dx + x$ だから

$$y = -\frac{4}{3}\cos t + (C_1 - C_2)\sin 2t + (C_1 + C_2)\cos 2t.$$

これで一般解が求められた．

================ 問 題 3.1 ================

問 1 C_1, C_2 を任意定数とする．$x = C_1 e^t - C_2 e^{-2t}$, $y = C_2 e^{-2t}$ は微分方程式系

$$\frac{dx}{dt} = x + 3y, \quad \frac{dy}{dt} = -2y$$

の一般解であることを確かめよ．

問 2 次の微分方程式系の一般解を求めよ．
(1) $\dfrac{dx}{dt} = 2x + y, \quad \dfrac{dy}{dt} = 2x + 3y$
(2) $\dfrac{dx}{dt} = x + y, \quad \dfrac{dy}{dt} = -x - y + e^t$
(3) $\dfrac{dx}{dt} = -x + y, \quad \dfrac{dy}{dt} = -y$

3.2 1階の線形微分方程式系

【要 点】

1. n 個の未知関数 $x_1(t), \cdots, x_n(t)$ に関する定数 (実数) 係数の線形方程式系

$$\frac{dx_1}{dt} = a_{11}x_1 + \cdots + a_{1n}x_n + f_1(t)$$

$$\vdots$$

$$\frac{dx_n}{dt} = a_{n1}x_1 + \cdots + a_{nn}x_n + f_n(t)$$

はベクトル, 行列を用い

$$\frac{d\boldsymbol{x}(t)}{dt} = A\boldsymbol{x}(t) + \boldsymbol{f}(t) \tag{1}$$

と表せる. ここで A は a_{ij} を (i,j) 成分にもつ行列, $\boldsymbol{x}(t)$ は $x_i(t)$ を第 i 成分にもつベクトル, $\boldsymbol{f}(t)$ は $f_i(t)$ を第 i 成分にもつベクトルである. 線形代数の知識を用いて解を求めることができる.

2. $\boldsymbol{f}(t) = \boldsymbol{0}$ の場合, つまり斉次の場合:

$$\frac{d\boldsymbol{x}(t)}{dt} = A\boldsymbol{x}(t) \tag{2}$$

解を

$$\boldsymbol{x}(t) = \boldsymbol{h}e^{\lambda t} \tag{3}$$

の形で求める. ここで $\boldsymbol{h} = {}^t(h_1, \cdots, h_n)$ は定ベクトル. 方程式 (2) より

$$A\boldsymbol{h} = \lambda \boldsymbol{h} \tag{4}$$

つまり, λ, $\boldsymbol{h}$ が行列 A の固有値, 固有ベクトル ならば, (3) は方程式 (2) の解になる. したがって, A が相異なる固有値 $\lambda_1, \cdots, \lambda_n$ をもつなら, 対応する固有ベクトルを $\boldsymbol{h}_1, \cdots, \boldsymbol{h}_n$ で表すと, 斉次方程式 (2) の一般解は

$$\boldsymbol{x}(t) = C_1 \boldsymbol{h}_1 e^{\lambda_1 t} + \cdots + C_n \boldsymbol{h}_n e^{\lambda_n t}, \qquad C_1, \cdots, C_2 : 任意定数 \tag{5}$$

で与えられる.

3. λ が行列 A の複素固有値なら，共役複素数 $\bar{\lambda}$ も固有値である．また λ に対応する固有ベクトル $\boldsymbol{h}$ は複素成分をもつベクトルになり，その成分を共役にしたベクトル $\bar{\boldsymbol{h}}$ は $\bar{\lambda}$ に対応する A の固有ベクトルになる[2]．$\lambda = \alpha + i\beta$, $\boldsymbol{h} = \boldsymbol{h}' + i\boldsymbol{h}''$ と表すと $\boldsymbol{h}e^{\lambda t}$ の実部，虚部ともに解になるから，

$$\mathrm{Re}(\boldsymbol{h}e^{\lambda t}) = (\boldsymbol{h}'\cos\beta t - \boldsymbol{h}''\sin\beta t)e^{\alpha t}$$
$$\mathrm{Im}(\boldsymbol{h}e^{\lambda t}) = (\boldsymbol{h}'\sin\beta t + \boldsymbol{h}''\cos\beta t)e^{\alpha t}$$

が実数形の解になる．

4. A が相異なる固有値 $\lambda_1, \cdots, \lambda_n$ をもつとする．対応する固有ベクトルを $\boldsymbol{h}_1, \cdots, \boldsymbol{h}_n$ で表し，$\boldsymbol{h}_i$ を第 i 列とする行列を P で表す．

$$P = (\boldsymbol{h}_1, \cdots, \boldsymbol{h}_n)$$

すると

$$AP = P\begin{pmatrix} \lambda_1 & 0 & \cdots & 0 \\ 0 & \lambda_2 & \cdots & 0 \\ \vdots & \vdots & \ddots & \vdots \\ 0 & 0 & \cdots & \lambda_n \end{pmatrix}.$$

方程式 (1) は

$$\frac{d}{dx}P^{-1}\boldsymbol{x} = P^{-1}APP^{-1}\boldsymbol{x} + P^{-1}\boldsymbol{f}$$

と書けるので，$\boldsymbol{y} = P^{-1}\boldsymbol{x}$, $\boldsymbol{g} = P^{-1}\boldsymbol{f}$ とおけば n 個のそれぞれ独立な方程式

$$\frac{dy_i}{dx} = \lambda_i y_i + g_i(t)$$

に帰着できる．それぞれが 1 階線形方程式なので，容易に解ける．

---

[2] $\overline{A\boldsymbol{h}} = A\bar{\boldsymbol{h}}$, $\overline{\lambda \boldsymbol{h}} = \bar{\lambda}\bar{\boldsymbol{h}}$ だから．

【 例 】

例 1 次の連立微分方程式を解け．

$$\frac{d}{dt}\begin{pmatrix} x_1 \\ x_2 \end{pmatrix} = \begin{pmatrix} 1 & 3 \\ 0 & -2 \end{pmatrix}\begin{pmatrix} x_1 \\ x_2 \end{pmatrix}, \quad \begin{pmatrix} x_1 \\ x_2 \end{pmatrix}(0) = \begin{pmatrix} 1 \\ 1 \end{pmatrix}$$

解 固有値は

$$\begin{vmatrix} 1-\lambda & 3 \\ 0 & -2-\lambda \end{vmatrix} = \lambda^2 + \lambda - 2 = 0$$

より $\lambda = 1, -2$.

$\lambda = 1$ に対応する固有ベクトルは

$$\begin{pmatrix} 1 & 3 \\ 0 & -2 \end{pmatrix}\begin{pmatrix} h_1 \\ h_2 \end{pmatrix} = \begin{pmatrix} h_1 \\ h_2 \end{pmatrix} \quad \therefore \begin{pmatrix} h_1 \\ h_2 \end{pmatrix} = \begin{pmatrix} 1 \\ 0 \end{pmatrix}$$

$\lambda = -2$ に対応する固有ベクトルは

$$\begin{pmatrix} 1 & 3 \\ 0 & -2 \end{pmatrix}\begin{pmatrix} h_1 \\ h_2 \end{pmatrix} = -2\begin{pmatrix} h_1 \\ h_2 \end{pmatrix} \quad \therefore \begin{pmatrix} h_1 \\ h_2 \end{pmatrix} = \begin{pmatrix} -1 \\ 1 \end{pmatrix}$$

したがって，一般解は

$$\begin{pmatrix} x_1 \\ x_2 \end{pmatrix} = C_1\begin{pmatrix} 1 \\ 0 \end{pmatrix}e^t + C_2\begin{pmatrix} -1 \\ 1 \end{pmatrix}e^{-2t}$$

初期条件より

$$C_1\begin{pmatrix} 1 \\ 0 \end{pmatrix} + C_2\begin{pmatrix} -1 \\ 1 \end{pmatrix} = \begin{pmatrix} 1 \\ 1 \end{pmatrix} \quad \therefore C_1 = 2, C_2 = 1$$

よって求める解は

$$\begin{pmatrix} x_1 \\ x_2 \end{pmatrix} = 2\begin{pmatrix} 1 \\ 0 \end{pmatrix}e^t + \begin{pmatrix} -1 \\ 1 \end{pmatrix}e^{-2t} = \begin{pmatrix} 2e^t - e^{-2t} \\ e^{-2t} \end{pmatrix}$$

例 2 次の初期値問題の解を求めよ．

$$\frac{d\boldsymbol{x}}{dt} = \begin{pmatrix} 1 & 0 & -2 \\ 2 & -1 & -2 \\ -2 & 2 & 0 \end{pmatrix}\boldsymbol{x}, \quad \boldsymbol{x}(0) = \begin{pmatrix} 1 \\ 2 \\ -1 \end{pmatrix}$$

解 固有値は

$$\begin{vmatrix} 1-\lambda & 0 & -2 \\ 2 & -1-\lambda & -2 \\ -2 & 2 & -\lambda \end{vmatrix} = -\lambda(\lambda-1)(\lambda+1) = 0$$

より $\lambda = 0, 1, -1$.

$\lambda = 0$ に対応する固有ベクトルは

$$\begin{pmatrix} 1 & 0 & -2 \\ 2 & -1 & -2 \\ -2 & 2 & 0 \end{pmatrix} \begin{pmatrix} h_1 \\ h_2 \\ h_3 \end{pmatrix} = \begin{pmatrix} 0 \\ 0 \\ 0 \end{pmatrix} \quad \therefore \begin{pmatrix} h_1 \\ h_2 \\ h_3 \end{pmatrix} = \begin{pmatrix} 2 \\ 2 \\ 1 \end{pmatrix}$$

$\lambda = 1$ に対応する固有ベクトルは

$$\begin{pmatrix} 1 & 0 & -2 \\ 2 & -1 & -2 \\ -2 & 2 & 0 \end{pmatrix} \begin{pmatrix} h_1 \\ h_2 \\ h_3 \end{pmatrix} = \begin{pmatrix} h_1 \\ h_2 \\ h_3 \end{pmatrix} \quad \therefore \begin{pmatrix} h_1 \\ h_2 \\ h_3 \end{pmatrix} = \begin{pmatrix} 1 \\ 1 \\ 0 \end{pmatrix}$$

$\lambda = -1$ に対応する固有ベクトルは

$$\begin{pmatrix} 1 & 0 & -2 \\ 2 & -1 & -2 \\ -2 & 2 & 0 \end{pmatrix} \begin{pmatrix} h_1 \\ h_2 \\ h_3 \end{pmatrix} = -\begin{pmatrix} h_1 \\ h_2 \\ h_3 \end{pmatrix} \quad \therefore \begin{pmatrix} h_1 \\ h_2 \\ h_3 \end{pmatrix} = \begin{pmatrix} 2 \\ 1 \\ 2 \end{pmatrix}$$

したがって，一般解は

$$\boldsymbol{x} = C_1 \begin{pmatrix} 2 \\ 2 \\ 1 \end{pmatrix} + C_2 \begin{pmatrix} 1 \\ 1 \\ 0 \end{pmatrix} e^t + C_3 \begin{pmatrix} 2 \\ 1 \\ 2 \end{pmatrix} e^{-t}.$$

初期条件より

$$C_1 \begin{pmatrix} 2 \\ 2 \\ 1 \end{pmatrix} + C_2 \begin{pmatrix} 1 \\ 1 \\ 0 \end{pmatrix} + C_3 \begin{pmatrix} 2 \\ 1 \\ 2 \end{pmatrix} = \begin{pmatrix} 1 \\ 2 \\ -1 \end{pmatrix}.$$

$\therefore C_1 = 1, C_2 = 1, C_3 = -1$. よって求める解は

$$\boldsymbol{x} = \begin{pmatrix} 2 \\ 2 \\ 1 \end{pmatrix} + \begin{pmatrix} 1 \\ 1 \\ 0 \end{pmatrix} e^t - \begin{pmatrix} 2 \\ 1 \\ 2 \end{pmatrix} e^{-t}.$$

例 3 次の初期値問題を解け.

$$\frac{d\boldsymbol{x}}{dt} = \begin{pmatrix} 0 & -4 \\ 1 & 0 \end{pmatrix} \boldsymbol{x}, \quad \boldsymbol{x}(0) = \begin{pmatrix} 0 \\ 2 \end{pmatrix}$$

解 固有値は

$$\begin{vmatrix} 0-\lambda & -4 \\ 1 & 0-\lambda \end{vmatrix} = \lambda^2 + 4 = 0$$

より $\lambda = \pm 2i$.
$\lambda = 2i$ に対応する固有ベクトルは

$$\begin{pmatrix} 0 & -4 \\ 1 & 0 \end{pmatrix} \begin{pmatrix} h_1 \\ h_2 \end{pmatrix} = 2i \begin{pmatrix} h_1 \\ h_2 \end{pmatrix} \quad \therefore \begin{pmatrix} h_1 \\ h_2 \end{pmatrix} = \begin{pmatrix} 2 \\ -i \end{pmatrix}$$

$\lambda = -2i$ に対応する固有ベクトルは ${}^t(\bar{h}_1, \bar{h}_2) = {}^t(2, i)$. したがって, 一般解は[3]

$$\boldsymbol{x} = C_1 \begin{pmatrix} 2 \\ -i \end{pmatrix} e^{2it} + C_2 \begin{pmatrix} 2 \\ i \end{pmatrix} e^{-2it}.$$

初期条件より

$$C_1 \begin{pmatrix} 2 \\ -i \end{pmatrix} + C_2 \begin{pmatrix} 2 \\ i \end{pmatrix} = \begin{pmatrix} 0 \\ 2 \end{pmatrix} \quad \therefore C_1 = i, C_2 = -i$$

よって, 求める解は

$$\boldsymbol{x} = i \begin{pmatrix} 2 \\ -i \end{pmatrix} (\cos 2t + i \sin 2t) - i \begin{pmatrix} 2 \\ i \end{pmatrix} (\cos 2t - i \sin 2t)$$

$$= \begin{pmatrix} -4 \sin 2t \\ 2 \cos 2t \end{pmatrix}$$

ここで $e^{\pm 2it} = \cos 2t \pm i \sin 2t$ を用いた.

---

[3] $\boldsymbol{h}e^{2it}$ の実部, 虚部は解だから, 実数系の一般解は

$$\boldsymbol{x} = C_1 \begin{pmatrix} 2\cos 2t \\ \sin 2t \end{pmatrix} + C_2 \begin{pmatrix} 2\sin 2t \\ -\cos 2t \end{pmatrix}$$

問題 3.2

問 1 次の初期値問題の解を求めよ．

(1) $\dfrac{d\boldsymbol{x}}{dt} = \begin{pmatrix} 2 & 1 \\ 2 & 3 \end{pmatrix} \boldsymbol{x}, \quad \boldsymbol{x}(0) = \begin{pmatrix} 1 \\ 2 \end{pmatrix}$

(2) $\dfrac{d\boldsymbol{x}}{dt} = \begin{pmatrix} 2 & -3 \\ 1 & -2 \end{pmatrix} \boldsymbol{x}, \quad \boldsymbol{x}(0) = \begin{pmatrix} 3 \\ 1 \end{pmatrix}$

(3) $\dfrac{d\boldsymbol{x}}{dt} = \begin{pmatrix} 1 & -2 \\ -2 & 1 \end{pmatrix} \boldsymbol{x}, \quad \boldsymbol{x}(0) = \begin{pmatrix} 3 \\ 1 \end{pmatrix}$

(4) $\dfrac{d\boldsymbol{x}}{dt} = \begin{pmatrix} 1 & -2 \\ 1 & -1 \end{pmatrix} \boldsymbol{x}, \quad \boldsymbol{x}(0) = \begin{pmatrix} 1 \\ -1 \end{pmatrix}$

(5) $\dfrac{d\boldsymbol{x}}{dt} = \begin{pmatrix} 3 & -2 \\ 1 & 1 \end{pmatrix} \boldsymbol{x}, \quad \boldsymbol{x}(0) = \begin{pmatrix} 1 \\ -1 \end{pmatrix}$

(6) $\dfrac{d\boldsymbol{x}}{dt} = \begin{pmatrix} 2 & 0 & 2 \\ 1 & -1 & -2 \\ -1 & 3 & 5 \end{pmatrix} \boldsymbol{x}, \quad \boldsymbol{x}(0) = \begin{pmatrix} 5 \\ 1 \\ 1 \end{pmatrix}$

(7) $\dfrac{d\boldsymbol{x}}{dt} = \begin{pmatrix} 6 & -3 & -7 \\ -1 & 2 & 1 \\ 5 & -3 & -6 \end{pmatrix} \boldsymbol{x}, \quad \boldsymbol{x}(0) = \begin{pmatrix} 3 \\ -1 \\ 2 \end{pmatrix}$

(8) $\dfrac{d\boldsymbol{x}}{dt} = \begin{pmatrix} -1 & 0 & 0 \\ 0 & -3 & 5 \\ 0 & -1 & 1 \end{pmatrix} \boldsymbol{x}, \quad \boldsymbol{x}(0) = \begin{pmatrix} 2 \\ 2 \\ 1 \end{pmatrix}$

(9) $\dfrac{d\boldsymbol{x}}{dt} = \begin{pmatrix} 1 & 0 & 1 \\ 0 & 1 & 0 \\ -1 & 0 & 1 \end{pmatrix} \boldsymbol{x}, \quad \boldsymbol{x}(0) = \begin{pmatrix} 1 \\ 1 \\ 1 \end{pmatrix}$

(10) $\dfrac{d\boldsymbol{x}}{dt} = \begin{pmatrix} -2 & 1 & 0 \\ 0 & 1 & 3 \\ 0 & -1 & -1 \end{pmatrix} \boldsymbol{x}, \quad \boldsymbol{x}(0) = \begin{pmatrix} 2 \\ 3 \\ -1 \end{pmatrix}$

3.3 自律系

【要 点】

1. 1 階微分方程式系のうちで f, g が t を含まない

$$\frac{dx}{dt} = f(x, y) \tag{1}$$

$$\frac{dy}{dt} = g(x, y) \tag{2}$$

はとくに自律系とよばれる．定係数の 1 階線形微分方程式系

$$\frac{dx}{dt} = ax + by + e$$

$$\frac{dy}{dt} = cx + dy + f$$

はその特別な場合である (a, b, c, d, e, f は定数)．

2. 自律系 (1),(2) の解 $(x(t), y(t))$ を (x, y) 平面上を動く点とみることができる．この点の軌跡を相軌道 という．またこのとき，(x, y) 平面は相平面とよばれる．
もし

$$f(x_0, y_0) = 0, \quad g(x_0, y_0) = 0 \tag{3}$$

なる点 (x_0, y_0) があれば

$$x = x_0, \quad y = y_0$$

は自律系 (1),(2) の解になる．これは動かない点 (平衡点 という) を表す．

3. 平衡点 (x_0, y_0) の近くを通る相軌道の形状はその点におけるヤコビ行列

$$J = \begin{pmatrix} \partial f/\partial x & \partial f/\partial y \\ \partial g/\partial x & \partial g/\partial y \end{pmatrix}_{(x,y)=(x_0,y_0)} \tag{4}$$

の固有値によって分類される．

4. $(dy/dt)/(dx/dt) = dy/dx$ だから，相軌道は

$$\frac{dy}{dx} = \frac{g(x, y)}{f(x, y)} \tag{5}$$

を解くことによっても得られる．

5. 2階の微分方程式 (右辺が t を含まない)

$$\frac{d^2x}{dt^2} = f\left(x, \frac{dx}{dt}\right) \tag{6}$$

は，$p(t) = x'(t)$ とおくと，x, p の 1 階の微分方程式系

$$\frac{dx}{dt} = p, \quad \frac{dp}{dt} = f(x, p) \tag{7}$$

に帰着できる．$(x(t), p(t))$ の相軌道を 2 階の方程式 (6) の相軌道ともいう (むしろ，これが本来の意味の相軌道である)．

【 例 】

例 1 原点を平衡点にもつ次の 3 つの自律系について，ヤコビ行列の固有値，一般解を求め，解の相軌道図を描け．

(1) $\dfrac{dx}{dt} = y, \quad \dfrac{dy}{dt} = x$

(2) $\dfrac{dx}{dt} = y, \quad \dfrac{dy}{dt} = -x$

(3) $\dfrac{dx}{dt} = -x + y, \quad \dfrac{dy}{dt} = -x - y$

解 (1) ヤコビ行列は

$$J = \begin{pmatrix} 0 & 1 \\ 1 & 0 \end{pmatrix}$$

その固有値は ± 1．固有値 1 に対応する固有ベクトルは

$$\begin{pmatrix} 0 & 1 \\ 1 & 0 \end{pmatrix} \begin{pmatrix} h \\ k \end{pmatrix} = \begin{pmatrix} h \\ k \end{pmatrix} \quad \text{ゆえに} \quad \begin{pmatrix} h \\ k \end{pmatrix} = \begin{pmatrix} 1 \\ 1 \end{pmatrix}$$

固有値 -1 に対応する固有ベクトルは

$$\begin{pmatrix} 1 & 1 \\ 1 & 1 \end{pmatrix} \begin{pmatrix} h \\ k \end{pmatrix} = \begin{pmatrix} 0 \\ 0 \end{pmatrix} \quad \begin{pmatrix} h \\ k \end{pmatrix} = \begin{pmatrix} 1 \\ -1 \end{pmatrix}$$

したがって一般解は

$$\begin{pmatrix} x \\ y \end{pmatrix} = C_1 \begin{pmatrix} 1 \\ 1 \end{pmatrix} e^t + C_2 \begin{pmatrix} 1 \\ -1 \end{pmatrix} e^{-t}$$

解の相軌道は図 3.1 のようになる．2 つの直線 $y = \pm x$ 以外の点を通る任意の軌道は原点に近づき，そして遠ざかる．このような平衡点は鞍点とよばれる[4]．

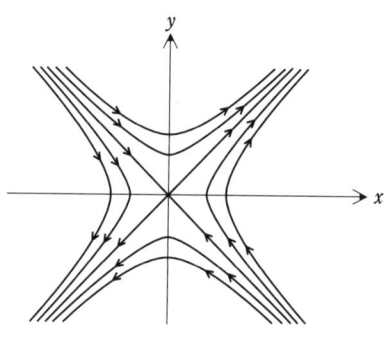

図 3.1　鞍点

(2) ヤコビ行列は

$$J = \begin{pmatrix} 0 & 1 \\ -1 & 0 \end{pmatrix}$$

その固有値は $\pm i$．固有値 i に対応する固有ベクトルは

$$\begin{pmatrix} 0 & 1 \\ -1 & 0 \end{pmatrix} \begin{pmatrix} h \\ k \end{pmatrix} = i \begin{pmatrix} h \\ k \end{pmatrix} \qquad \text{ゆえに} \begin{pmatrix} h \\ k \end{pmatrix} = \begin{pmatrix} -i \\ 1 \end{pmatrix}.$$

したがって，

$$\begin{pmatrix} -i \\ 1 \end{pmatrix} e^{it} = \left\{ \begin{pmatrix} 0 \\ 1 \end{pmatrix} - i \begin{pmatrix} 1 \\ 0 \end{pmatrix} \right\} (\cos t + i \sin t)$$

は解であり，その実部，虚部も解になるから，一般解は

$$\begin{pmatrix} x \\ y \end{pmatrix} = C_1 \begin{pmatrix} \sin t \\ \cos t \end{pmatrix} + C_2 \begin{pmatrix} -\cos t \\ \sin t \end{pmatrix}.$$

---

[4] ヤコビ行列が正と負の固有値を 1 つずつもつとき，平衡点は鞍点となる．

$x^2 + y^2 = C_1{}^2 + C_2{}^2$ となり，解の相軌道は図 3.2 のようになる．このように平衡点の近くのすべての軌道が平衡点を回る閉曲線になるとき，平衡点は渦心点とよばれる[5]．

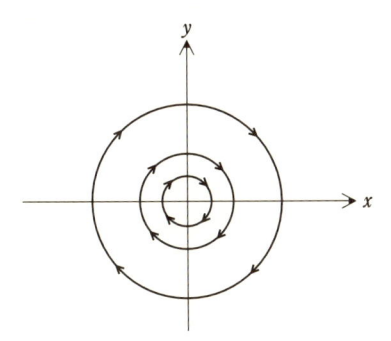

図 3.2 渦心点

(3) ヤコビ行列は

$$J = \begin{pmatrix} -1 & 1 \\ -1 & -1 \end{pmatrix}$$

その固有値は $-1 \pm i$．固有値 $-1+i$ に対応する固有ベクトルは

$$\begin{pmatrix} -1 & 1 \\ -1 & -1 \end{pmatrix} \begin{pmatrix} h \\ k \end{pmatrix} = (-1+i) \begin{pmatrix} h \\ k \end{pmatrix} \quad \text{ゆえに} \quad \begin{pmatrix} h \\ k \end{pmatrix} = \begin{pmatrix} 1 \\ i \end{pmatrix}$$

したがって，

$$\begin{pmatrix} 1 \\ i \end{pmatrix} e^{(-1+i)t} = \left\{ \begin{pmatrix} 1 \\ 0 \end{pmatrix} + i \begin{pmatrix} 0 \\ 1 \end{pmatrix} \right\} e^{-t} (\cos t + i \sin t)$$

は解であり，その実部，虚部も解になるから，一般解は

$$\begin{pmatrix} x \\ y \end{pmatrix} = C_1 e^{-t} \begin{pmatrix} \cos t \\ -\sin t \end{pmatrix} + C_2 e^{-t} \begin{pmatrix} \sin t \\ \cos t \end{pmatrix}.$$

$x^2 + y^2 = (C_1{}^2 + C_2{}^2) e^{-2t}$ であり，解の相軌道は図 3.3 のようになる．すべての軌道は回転しながら平衡点に近づく．このような平衡点は (漸

---
[5] 平衡点が渦心点となるはヤコビ行列が純虚数の固有値をもつときである (必要条件)．

近安定な) 渦状点とよばれる[6].

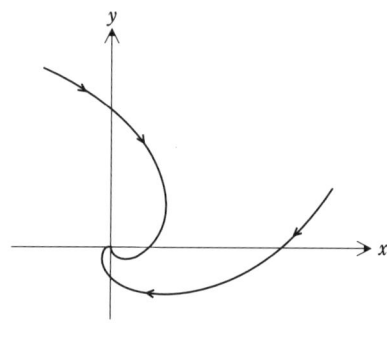

図 3.3　渦状点

例 2　a, b, c, d を正の定数とする．次の自律系はヴォルテラの方程式とよばれる．

$$\begin{cases} \dfrac{dx}{dt} = -ax + bxy \\ \dfrac{dy}{dt} = cy - dxy \end{cases}$$

(1) 第 1 象限 $x > 0, y > 0$ にある平衡点を求めよ．また，その点でのヤコビ行列の固有値を求めよ．

(2) $t = 0$ で第 1 象限の点 (x_0, y_0) を通る解の相軌道を求めよ．

解　(1) $-ax + bxy = 0$ より，$x = 0$ または $y = a/b$．$cy - dxy = 0$ より，$y = 0$ または $x = c/d$．したがって，第 1 象限にある平衡点は $(c/d, a/b)$ である．この点でのヤコビ行列は

$$J = \begin{pmatrix} -a + by & bx \\ -dy & c - dx \end{pmatrix}_{(x,y)=(c/d, a/b)} = \begin{pmatrix} 0 & bc/d \\ -ad/b & 0 \end{pmatrix}$$

その固有値は $\pm i\sqrt{ac}$．

(2) 相軌道は

$$\frac{dy}{dx} = \frac{y(c - dx)}{x(-a + by)}$$

---

[6] すべての軌道は回転しながら平衡点から遠ざかるときは不安定な渦状点とよばれる．平衡点が漸近安定な (不安定な) 渦状点となるのはヤコビ行列が実部が負の (正の) 複素固有値をもつときである (必要十分条件)．

の解である．これは変数分離形の方程式であり，

$$\left(-\frac{a}{y}+b\right)y'(x) = \frac{c}{x}-d$$

を積分して

$$dx + by - a\log y - c\log x = dx_0 + by_0 - a\log y_0 - c\log x_0$$

これが求める相軌道の式である．第1象限の領域 $\{x < c/d,\ y < a/b\}$ では x は減少し，y は増加する．領域 $\{x < c/d,\ y > a/b\}$ では x, y はともに増加する．$\{x > c/d,\ y > a/b\}$ では x が増加し，y は減少する．$\{x > c/d,\ y < a/b\}$ では x, y ともに減少する．図 3.4 は $a = 1$, $b = 1$, $c = 1$, $d = 1$ のときの相軌道である．

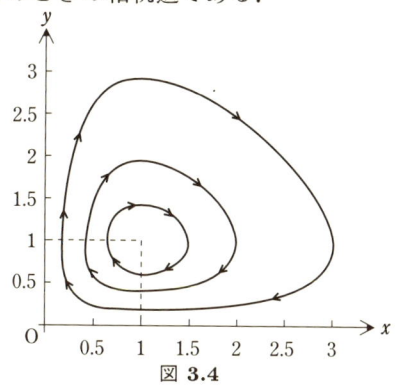

図 3.4

例3 次の初期値問題の解の相軌道を求めよ．

$$\frac{d^2x}{dt^2} = -x^3, \quad x(0) = 0, \quad \frac{dx}{dt}(0) = 1$$

解 $x' = p$ とおくと

$$x' = p, \quad p' = -x^3.$$

したがって，$p'/x' = dp/dx$ に注意すると

$$\frac{dp}{dx} = -\frac{x^3}{p}.$$

これは変数分離形であり，
$$\frac{p^2}{2} + \frac{x^4}{4} = C.$$

初期条件より，$x=0$ のとき $p=1$ なので，$C=1/2$. したがって，相軌道は図 3.5 のようになる．この図より，x は $-\sqrt[4]{2} \leqq x \leqq \sqrt[4]{2}$ の間を振動することがわかる．

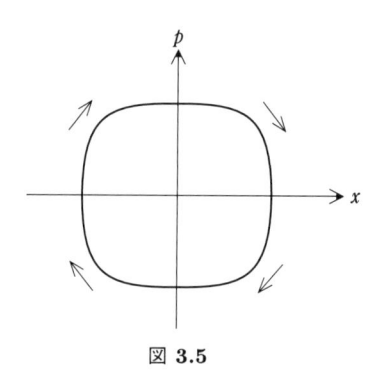

図 3.5

例 4 次の初期値問題の解の相軌道を求め，解の最大値を求めよ．
$$\frac{d^2 x}{dt^2} = -\frac{1}{x^2}, \quad x(0)=1,\, x'(0)=1$$

解 $x' = p$ とおくと
$$x' = p, \quad p' = -\frac{1}{x^2}.$$

したがって，$p'/x' = dp/dx$ に注意すると
$$\frac{dp}{dx} = -\frac{1}{px^2}.$$

これは変数分離形であり，
$$\frac{p^2}{2} = \frac{1}{x} + C.$$

初期条件より，$x=1$ のとき $p=1$ なので，$C=-1/2$. したがって，相軌道は図 3.6 のようになる．図より，x の最大値は 2 であることがわかる．

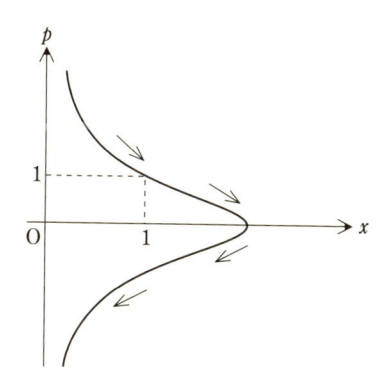

図 3.6

例 5 次の境界値問題の解を求めよ.
$$\frac{d^2x}{dt^2} = \sqrt{1 + \left(\frac{dx}{dt}\right)^2}, \quad x(0) = 0,\ x(1) = 1$$

解 この微分方程式は dx/dt について 1 階なので, まず dx/dt を求め, 次にそれを積分すれば一般解が得られる.

$dx/dt = p$ とおくと, 方程式は
$$\frac{dp}{dt} = \sqrt{1 + p^2}.$$

これは変数分離形なので
$$\int \frac{dp}{\sqrt{1+p^2}} = \int dt + C.$$

したがって,
$$\log(p + \sqrt{1+p^2}) = t + C.$$

∴ $p + \sqrt{1+p^2} = e^{t+C}$. また, $(p + \sqrt{1+p^2})^{-1} = -p + \sqrt{1+p^2} = e^{-t-C}$. したがって,
$$p = \frac{dx}{dt} = \frac{1}{2}e^{t+C} - \frac{1}{2}e^{-t-C}.$$

積分すれば一般解

$$x = \frac{1}{2}e^{t+C} + \frac{1}{2}e^{-t-C} + C'$$

が得られる．境界条件より，

$$\frac{1}{2}(e^C + e^{-C}) + C' = 0, \quad \frac{1}{2}(e^{1+C} + e^{-1-C}) + C' = 0.$$

$e^C = X$ とおくと

$$X + X^{-1} + 2C' = 0, \quad eX + e^{-1}X^{-1} + 2C' = 0.$$

これより，$X = e^{-1/2}$, $C = -1/2$, $C' = -(e^{1/2} + e^{-1/2})/2$. したがって，求める解は

$$x = \frac{1}{2}(e^{t-1/2} + e^{-t+1/2} - e^{1/2} - e^{-1/2}).$$

この曲線は懸垂線とよばれる．2点 $(0,0), (1,1)$ に両端を結んでたらした紐の形を表す．解は双曲線関数を用いて，$x = \cosh(t-1/2) - \cosh(1/2)$ とも書ける．

═══════════════════ 問　題　3.3 ═══════════════════

問 1 次の自律系の平衡点，平衡点でのヤコビ行列の固有値を求め，さらに相軌道を求めよ．

(1) $\dfrac{dx}{dt} = x - 3y - 4, \quad \dfrac{dy}{dt} = 3x + y - 2$

(2) $\dfrac{dx}{dt} = 2xy, \quad \dfrac{dy}{dt} = -x^2 + y^2$

(3) $\dfrac{dx}{dt} = 2y, \quad \dfrac{dy}{dt} = -x - y^2$

問 2 次の初期値問題を解け．

$$\frac{d^2x}{dt^2} - 2x\frac{dx}{dt} = 0, \quad x(0) = 0, \frac{dx}{dt}(0) = 1$$

問 3 次の初期値問題の解の相軌道を求めよ．

$$\frac{d^2x}{dt^2} = -\sin x, \quad x(0) = 0, \frac{dx}{dt}(0) = 1$$

問 4 次の微分方程式の一般解を求めよ.
(1) $yy'' + (y')^2 = 1$ (2) $yy'' - y'^2 - 6xy^2 = 0$
ヒント：(1) $yy'' + y'^2 = (yy')'$ (2) $(yy'' - y'^2)/y^2 = (y'/y)'$

3.4　2階の線形微分方程式系

【要 点】

1.　連結されたバネの振動や組み合わされた電気回路等において，2階の線形微分方程式系 (連立微分方程式) が登場する．その取り扱い方を，次の微分方程式系を例に説明する．

$$\begin{cases} D^2 x + ax + by = f(t) \\ D^2 y + cx + dy = g(t) \end{cases} \tag{3.1}$$

ここで，$D = d/dt$, a, b, c, d は定数，$x = x(t), y = y(t)$.

2.　**消去法**　方程式を

$$(D^2 + a)x + by = f(t), \quad cx + (D^2 + d)y = g(t)$$

と整理し，第1式に $(D^2 + d)$ を作用させ，第2式に b をかける．$(D^2 + d)by = b(D^2 + d)y$ だから

$$(D^2 + d)(D^2 + a)x - bcx = (D^2 + d)f(t) - bg(t)$$

を得る．これは x についての4階の微分方程式である．これを解いて x を求め，それを第1式に代入して y を求める．

3.　**1階化**　$Dx = p(t), Dy = q(t)$ と表す．$D^2 x = Dp, D^2 y = Dq$ だから，方程式は，未知関数が4つの1階微分方程式系

$$D\begin{pmatrix} x \\ y \\ p \\ q \end{pmatrix} + \begin{pmatrix} 0 & 0 & -1 & 0 \\ 0 & 0 & 0 & -1 \\ a & b & 0 & 0 \\ c & d & 0 & 0 \end{pmatrix} \begin{pmatrix} x \\ y \\ p \\ q \end{pmatrix} = \begin{pmatrix} 0 \\ 0 \\ f \\ g \end{pmatrix}$$

と表せる．これは3.2節で扱った形である．

3.4 2階の線形微分方程式系

【 例 】

例1 微分方程式系 $D^2x + y = 0, D^2y + x = 0$ の一般解を求めよ．

解 y を消去しよう．$D^4 x = -D^2 y = x$ だから，

$$(D^4 - 1)x = 0.$$

(2.5 節例 1 参照) 特性方程式は $\lambda^4 - 1 = 0$. したがって，特性根は $\lambda = \pm 1, \pm i$ であり，基本解は $e^t, e^{-t}, \sin t, \cos t$ で，一般解は

$$x = C_1 e^t + C_2 e^{-t} + C_3 \sin t + C_4 \cos t.$$

また，第 1 式に代入して

$$y = -C_1 e^t - C_2 e^{-t} + C_3 \cos t + C_4 \sin t.$$

別解 $Dx = p, Dy = q$ とおくと，$D^2 x = Dp, D^2 y = Dq$ だから，

$$D \begin{pmatrix} x \\ y \\ p \\ q \end{pmatrix} = \begin{pmatrix} 0 & 0 & 1 & 0 \\ 0 & 0 & 0 & 1 \\ 0 & -1 & 0 & 0 \\ -1 & 0 & 0 & 0 \end{pmatrix} \begin{pmatrix} x \\ y \\ p \\ q \end{pmatrix}.$$

この行列の固有値は

$$\begin{vmatrix} -\lambda & 0 & 1 & 0 \\ 0 & -\lambda & 0 & 1 \\ 0 & -1 & -\lambda & 0 \\ -1 & 0 & 0 & -\lambda \end{vmatrix} = -\lambda \begin{vmatrix} -\lambda & 0 & 1 \\ -1 & -\lambda & 0 \\ 0 & 0 & -\lambda \end{vmatrix} + \begin{vmatrix} 0 & -\lambda & 1 \\ 0 & -1 & 0 \\ -1 & 0 & -\lambda \end{vmatrix}$$

$$= -\lambda(-\lambda)^3 - 1 = \lambda^4 - 1 = 0$$

より，$\lambda = \pm 1, \pm i$. 対応する固有ベクトルは ${}^t(1, -1, \pm 1, \mp 1), {}^t(1, 1, \pm i, \pm i)$ (複号同順)．

$$\begin{pmatrix} 1 \\ 1 \\ i \\ i \end{pmatrix} e^{it} = \begin{pmatrix} \cos t \\ \cos t \\ -\sin t \\ -\sin t \end{pmatrix} + i \begin{pmatrix} \sin t \\ \sin t \\ \cos t \\ \cos t \end{pmatrix}$$

だから，一般解は

$$\begin{pmatrix} x \\ y \\ p \\ q \end{pmatrix} = C_1 \begin{pmatrix} e^t \\ -e^t \\ e^t \\ -e^t \end{pmatrix} + C_2 \begin{pmatrix} e^{-t} \\ -e^{-t} \\ -e^{-t} \\ e^{-t} \end{pmatrix} + C_3 \begin{pmatrix} \cos t \\ \cos t \\ -\sin t \\ -\sin t \end{pmatrix} + C_4 \begin{pmatrix} \sin t \\ \sin t \\ \cos t \\ \cos t \end{pmatrix}$$

例 2 (連結バネ)

同じバネ定数 k を持つ 2 つのバネと，同じ質量 m を持つ 2 つの重りを，図 3.7 のように吊るし上端を固定する．釣り合いの状態から，上の重りを a，下の重りを $2a$ だけ下方に引き，静かに離す．2 つの重りの運動を説明せよ．ただし，バネは軽く，その質量は無視できるものとする．

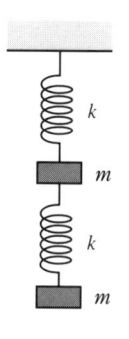

図 **3.7**

解　〈式をたてる〉下方を正の向きとし，時刻 t での，釣り合い状態からの上の重り，下の重りの変位をそれぞれ $x_1(t), x_2(t)$ で表す．まず，題意より

$$x_1(0) = a, \quad x_2(0) = 2a, \quad \dot{x}_1(0) = \dot{x}_2(0) = 0.$$

上のバネは釣り合いの状態からさらに x_1 だけ伸び，下のバネは $x_2 - x_1$ だけ伸びているから，上の重りには $k(x_2 - x_1) - kx_1 = kx_2 - 2kx_1$，下の重りには $-k(x_2 - x_1)$ の力が作用する．したがって，2 つの重りの運動方程式は

$$m\ddot{x}_1 = -2kx_1 + kx_2, \quad m\ddot{x}_2 = kx_1 - kx_2$$

〈方程式を解く〉$k/m = h^2$ と記し，演算子記号 $D = d/dt$ を用いると

$$(D^2 + 2h^2)x_1 - h^2 x_2 = 0, \quad (D^2 + h^2)x_2 - h^2 x_1 = 0$$

x_1 を消去すると

$$(D^4 + 3h^2 D^2 + h^4)x_2 = 0$$

特性方程式は $\lambda^4 + 3h^2\lambda^2 + h^4 = 0$ だから

$$\lambda^2 = \frac{-3 \pm \sqrt{5}}{2}h^2 = -\left(\frac{\sqrt{5} \mp 1}{2}\right)^2 h^2$$

$(\sqrt{5}+1)/2 = \alpha$ とおくと，$\alpha^{-1} = (\sqrt{5}-1)/2$ だから，特性根は $\lambda = \pm\alpha h i$, $\pm\alpha^{-1}hi$. したがって，一般解は

$$x_2 = C_1 \sin\alpha ht + C_2 \cos\alpha ht + C_3 \sin\alpha^{-1}ht + C_4 \cos\alpha^{-1}ht$$

また，第 2 の方程式より

$$\begin{aligned}x_1 = &\ C_1(1-\alpha^2)\sin\alpha ht + C_2(1-\alpha^2)\cos\alpha ht \\ &+ C_3(1-\alpha^{-2})\sin\alpha^{-1}ht + C_4(1-\alpha^{-2})\cos\alpha^{-1}ht.\end{aligned}$$

次に，初期条件より

$$\begin{aligned}C_2(1-\alpha^2) + C_4(1-\alpha^{-2}) &= a, & C_2 + C_4 &= 2a \\ C_1(1-\alpha^2)\alpha h + C_3(1-\alpha^{-2})\alpha^{-1}h &= 0, & C_1\alpha h + C_3\alpha^{-1}h &= 0\end{aligned}$$

これらを解いて，$C_1 = C_3 = 0$, $C_2 = (1 - 2/\sqrt{5})a$, $C_4 = (1 + 2/\sqrt{5})a$ を得る．したがって，求める解は

$$\begin{aligned}x_1 &= \frac{5 - 3\sqrt{5}}{10}a\cos\frac{\sqrt{5}+1}{2}ht + \frac{5 + 3\sqrt{5}}{10}a\cos\frac{\sqrt{5}-1}{2}ht \\ x_2 &= \frac{5 - 2\sqrt{5}}{5}a\cos\frac{\sqrt{5}+1}{2}ht + \frac{5 + 2\sqrt{5}}{5}a\cos\frac{\sqrt{5}-1}{2}ht\end{aligned}$$

〈解の検討〉 k/m が等しいと同じ振動をする．振動は周期の異なる単振動の重ね合わせである．

例 3 (**ローパスフィルター**) 抵抗 (R), コンデンサー (容量 C), 2 つのコイル (インダクタンス L) と電源電圧 (U_1) からなる，図 3.8 のような電気回路を考え，電源電圧 U_1 を入力，抵抗 R にかかる端子電圧を出力とみなす．$U_1 = u_1 e^{i\omega t}$ を入力するときの定常出力を求めよ．

図 3.8

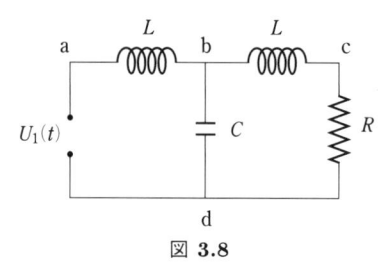

解 〈式をたてる〉コンデンサーの電荷を $Q(t)$ とし, $I_{ab}(t) = I_1(t), I_{bc}(t) = I_2(t)$ と記す. キルヒホフの第 1, 第 2 法則より $I_{bd}(t) - I_1(t) + I_2(t) = 0$, $U_{ab} + U_{bc} + U_{cd} + U_{da} = 0$, $U_{bc} + U_{cd} + U_{db} = 0$. したがって,

$$L\frac{d}{dt}I_1 + (L\frac{d}{dt} + R)I_2 = U_1(t),$$
$$(L\frac{d}{dt} + R)I_2 + \frac{Q}{C} = 0, \quad \frac{d}{dt}Q = I_2 - I_1$$

〈方程式を解く〉$D = d/dt$ と表す. 第 2 式を 2 回微分し, I_1 を消去すると

$$\left(L^2D^3 + RLD^2 + \frac{2L}{C}D + \frac{R}{C}\right)I_2 = \frac{1}{C}U(t)$$

$P(\lambda) = L^2\lambda^3 + RL\lambda^2 + (2L/C)\lambda + R/C = 0$ の根の実部はすべて負である (2.5 節の問 3 参照). したがって, $t \to +\infty$ のとき, 余関数は 0 に収束する. 特殊解を $I_p(t)$ と表すと $U_{cd}(t) = RI_p(t)$ が定常出力を与える. $P(i\omega) \neq 0$ より,

$$I_p(t) = \frac{1}{P(D)}\frac{u_1}{C}e^{i\omega t} = \frac{1}{P(i\omega)}\frac{u_1}{C}e^{i\omega t}$$

$P(i\omega) = -iL^2\omega^3 + 2iL\omega/C - RL\omega^2 + R/C = Ae^{i\theta}$ と表すと

$$A = \sqrt{\left(\frac{R}{C} - RL\omega^2\right)^2 + \left(\frac{2L\omega}{C} - L^2\omega^3\right)^2}, \quad \theta = \tan^{-1}\frac{2L\omega - L^2C\omega^3}{R - RLC\omega^2}$$

となる. $1/P(i\omega) = (1/A)e^{-i\theta}$ だから, 定常出力は

$$RI_p = \frac{Ru_1}{AC}e^{i(\omega t - \theta)}$$

で与えられる.

〈解の検討〉振動数 ω が小さいと

$$\frac{Ru_1}{AC} \simeq u_1, \quad \theta \simeq 0$$

となり、電源電圧は振幅、位相をほとんど変えずに出力されることが分かる。逆に振動数 ω が大きいと,

$$\frac{Ru_1}{AC} \simeq \frac{Ru_1}{CL^2\omega^3} \simeq 0, \quad \theta \simeq \pi/2$$

となり、電源電圧はほとんど出力されず、位相も $\pi/2$ 近く遅れることがわかる.

============================ 問 題 3.4 ============================

問 1 次の微分方程式系の一般解を求めよ.

$$D^2x + y = 0, \quad x + Dy = 0$$

ここで, $x = x(t), y = y(t), D = d/dt$.

問 2 例 3 を 1 階方程式系と見て、線形代数の方法で解け.

問 3 (ハイパスフィルター) コイル (インダクタンス L), 抵抗 (R), 同じ容量 C の 2 つのコンデンサーと電源電圧 $U_1(t)$ からなる図 3.9 のような回路を考えよう。電源電圧 $U_1(t)$ を入力,抵抗 R の端子電圧を出力とみなす。入力が $U_1(t) = u_1 e^{i\omega t}$ であるときの定常出力を求めよ.

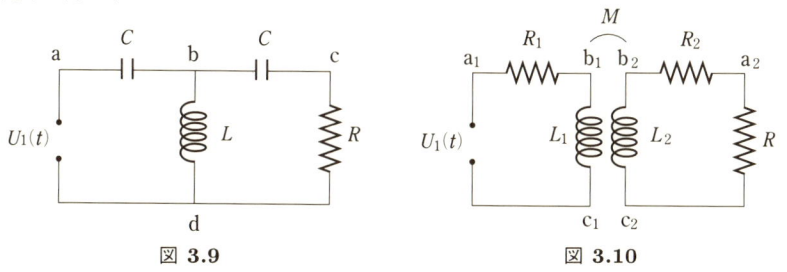

図 3.9

図 3.10

問 4 (変圧器) 同一の鉄心にまかれた 1 次コイルと 2 次コイルからなる変圧器を考えよう (図 3.10). コイルは、それぞれインダクタンス L_1, L_2 と内部抵抗 R_1, R_2 を持ち,

2つのコイルの間に相互誘導作用があり，相互インダクタンスは M は $L_1L_2 - M^2 > 0$ を満たすとする (一般には $L_1L_2 - M^2 \geq 0$). 電源電圧 U_1 を入力，抵抗 R の端子電圧を出力とみなす．$U_1 = u_1 e^{i\omega t}$ とするときの定常出力を求めよ．

(ヒント：$I_{b_1c_1}(t) = I_1(t)$, $I_{b_2c_2}(t) = I_2(t)$ と記す．相互誘導によって，第1のコイルを流れる電流 I_1 により，第2のコイルに逆起電力 MdI_1/dt が誘起され，第2のコイルを流れる電流 I_2 により，第1のコイルに逆起電力 MdI_1/dt が誘起される．)

問 5 同じ質量 m の 2 つの物体が，バネ定数 k のバネで結ばれ，滑らかな水平面上に置かれている (図 3.11). 左側の物体に，右向きの初速度 1 を与えると，2 つの物体はどのように運動するか．ただし，物体と水平面の間の摩擦は無視できるものとする．

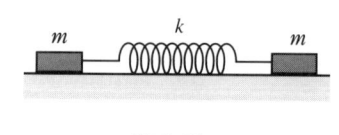

図 3.11

第4章

ラプラス変換

4.1 ラプラス変換

【要点】

1. ラプラス変換の定義：$f(t)$ を $0 < t < \infty$ で定義された関数，s をパラメータとする．積分

$$F(s) := \int_0^\infty f(t)e^{-st}dt$$

を s の関数と見，f のラプラス変換という．$F(s) = L[f(t)]$ とも表す．すべての s について $F(s)$ が定まる必要はなく，十分大きな s に対し定まればよい．

2. 例：$L[1] = \int_0^\infty 1 \cdot e^{-st}dt = \dfrac{1}{s}, \quad s > 0$

3. ラプラス変換は微分，積分，合成積などを代数演算に変換する．この点に着目して，微分方程式の解法やシステムの特徴づけなどに利用される．

4. 公式：a, A, B 定数，$f = f(t)$, $g = g(t)$, $F(s) = L[f(t)]$, $G(s) = L[g(t)]$ とする．

公式1(線形性)

$$L[Af(t) + Bg(t)] = AF(s) + BG(s)$$

公式 2 (移動定理)

$$L[f(t)e^{at}] = F(s-a)$$

公式 3 (導関数の変換)　$f(t)$ が連続なら

$$L[f'(t)] = sF(s) - f(0)$$

公式 4 (積分の変換)

$$L\left[\int_0^t f(t)\,dt\right] = \frac{1}{s}F(s)$$

公式 5 (合成積の変換)

$$L[(f*g)(t)] = F(s)G(s).$$

ここで $(f*g)(t) := \int_0^t f(t-u)g(u)\,du$ で f と g の合成積 (convolution) とよばれる．

公式 6

$$L[(-t)f(t)] = F'(s)$$

【 例 】

例 1　公式 1 ～ 6 を証明せよ．

証明　公式 1. 次の式より明らか．

$$\int_0^\infty (Af(t)+Bg(t))e^{-st}dt = A\int_0^\infty f(t)e^{-st}dt + B\int_0^\infty g(t)e^{-st}dt$$

公式 2. 次の式より明らか．

$$\int_0^\infty f(t)e^{at}e^{-st}dt = \int_0^\infty f(t)e^{-(s-a)t}dt.$$

公式 3. 部分積分を用いて
$$\int_0^\infty f'(t)e^{-st}dt = [f(t)e^{-st}]_0^\infty - (-s)\int_0^\infty f(t)e^{-st}dt.$$
大きな s に対し，$\lim_{t\to+\infty} f(t)e^{-st} = 0$ としてよいので公式3が得られる．

公式 4. $g(t) = \int_0^t f(u)\,du$ とおくと，$g'(t) = f(t)$, $g(0) = 0$. 公式3より $F(s) = L[g'(t)] = sL[g] - g(0) = sL\left[\int_0^t f(u)\,du\right]$.

公式 5. $\{0 \leqq u \leqq t,\, 0 \leqq t \leqq \infty\} = \{0 \leqq u \leqq \infty, u \leqq t \leqq \infty\}$ なので，
$$\int_0^\infty \int_0^t f(t-u)g(u)du\, e^{-st}dt = \int_0^\infty e^{-ut}g(u)du \int_u^\infty f(t-u)e^{-s(t-u)}dt.$$
これより，公式5が得られる．

公式 6. 次の式より明らか．
$$\int_0^\infty -tf(t)e^{-st}dt = \frac{d}{ds}\int_0^\infty f(t)e^{-st}dt.$$

例 2 $L[e^{at}] = \dfrac{1}{s-a}, \quad s > a.$

証明 $e^{at} = 1 \cdot e^{at}$ に注意し，例と移動定理を用いればよい．

例 3 $f(t), f'(t)$ が連続なら $L[f''(t)] = s^2 F(s) - f'(0) - sf(0).$

証明 公式3を2回続ければ，$L[f''(t)] = sL[f'(t)] - f'(0) = s^2 L[f(t)] - sf(0) - f'(0).$

例 4 $L[\sin \omega t] = \dfrac{\omega}{s^2 + \omega^2}, \quad s > 0.$

証明 $f = \sin \omega t$ とすると，$f' = \omega \cos \omega t$, $f'' = -\omega^2 \sin \omega t$ だから，例3により $-\omega^2 L[\sin \omega t] = s^2 L[\sin \omega t] - \omega.$ よって上式が得られる．

例 5 $L[t] = \dfrac{1}{s^2}$

証明 $f = t$ とすると，$f' = 1$ だから，公式3により $L[1] = sL[t] - 0.$ 左辺は $1/s$ だから上式が得られる．

例 6 次の周期関数のラプラス変換を求めよ．

$$f(t) = \begin{cases} 1, & 2n \leqq t < 2n+1 \\ 0, & 2n+1 \leqq t < 2n+2 \end{cases}, \quad n = 0, 1, 2, \cdots$$

解 定義より

$$\begin{aligned}
L[f] &= \sum_{n=0}^{\infty} \int_{2n}^{2n+1} 1 \cdot e^{-st} dt \\
&= \sum_{n=0}^{\infty} \left[-e^{-st}/s \right]_{2n}^{2n+1} = \sum_{n=0}^{\infty} e^{-2ns} \frac{-e^{-s}+1}{s} \\
&= \frac{1-e^{-s}}{s(1-e^{-2s})} = \frac{1}{s(1+e^{-s})}.
\end{aligned}$$

======================= 問 題 4.1 =======================

問 1 次の関数のラプラス変換を求めよ．

(1) $\cos \omega t$ (2) te^{at} (3) $e^{at} \sin \omega t$, $e^{at} \cos \omega t$ (4) t^n

(5) $t \sin \omega t$, $t \cos \omega t$ (6) $\sin(\omega t + \theta)$ (7) $2\cos^2 \omega t$

(8) $f(t) = \begin{cases} \sin 2\pi t, & \sin 2\pi t > 0 \text{ の所} \\ 0, & \text{その他の所} \end{cases}$

問 2 $\varepsilon > 0$ に対し，

$$f_\varepsilon(t) = \begin{cases} \dfrac{1}{\varepsilon}, & 0 \leqq t \leqq \varepsilon \\ 0, & \text{elsewhere} \end{cases}$$

と定義する．$\displaystyle\lim_{\varepsilon \to +0} L[f_\varepsilon(t)]$ を求めよ．

4.2 ラプラス逆変換

【要 点】

1. **ラプラス逆変換の定義**： s の関数 $F(s)$ が与えられたとき，

$$F(s) = L[f(t)]$$

となる t の関数 $f(t)$ を F のラプラス逆変換という．$f(t) = L^{-1}[F(s)]$ と表す．$f(t)$ と $F(s)$ とは 1 対 1 に対応することが知られている．

2. ラプラス変換は線形変換なので，逆変換も線形である．つまり，

$$L^{-1}[AF + BG] = AL^{-1}[F] + BL^{-1}[G]$$

がなりたつ．ここで A, B は定数，$F = F(s), G = G(s)$．

3. ラプラス逆変換を求めるには次の 2 つの方法がある．
   (a) 逆変換の公式と留数計算
   (b) 変換表と部分分数分解
   ここでは方法 (b) について説明する．

4. 簡単なラプラス変換表

$f(t)$	$F(s)$	$f(t)$	$F(s)$
1	$1/s$	$\cosh at$	$s/(s^2 - a^2)$
e^{at}	$1/(s-a)$	te^{at}	$1/(s-a)^2$
t	$1/s^2$	$t^n e^{at}$	$n!/(s-a)^{n+1}$
t^n	$n!/s^{n+1}$	$e^{at} \sin \omega t$	$\omega/\{(s-a)^2 + \omega^2\}$
$\sin \omega t$	$\omega/(s^2 + \omega^2)$	$e^{at} \cos \omega t$	$(s-a)/\{(s-a)^2 + \omega^2\}$
$\cos \omega t$	$s/(s^2 + \omega^2)$	$t \sin \omega t$	$2s\omega/(s^2 + \omega^2)^2$
$\sinh at$	$a/(s^2 - a^2)$	$t \cos \omega t$	$(s^2 - \omega^2)/(s^2 + \omega^2)^2$

5. **部分分数分解の原理**：$G(s), H(s)$ は既約な多項式で，G の次数が H の次数より小とする．$H(s) = (s-a)h(s), h(a) \neq 0$ ならば

$$\frac{G(s)}{H(s)} = \frac{A}{s-a} + \frac{g(s)}{h(s)}$$

の形に分解される．ここで，$g(s)$ は $h(s)$ より次数の小さな多項式，A は定数で $A = G(a)/h(a)$ で与えられる．

〈証明〉 $F(s) = G(s)h(a) - G(a)h(s)$ とおくと，$F(a) = 0$. 因数定理により，$F(s) = (s-a)f(s)$ と表せる．したがって，

$$\frac{(s-a)f(s)}{H(s)h(a)} = \frac{G(s)h(a)}{H(s)h(a)} - \frac{G(a)h(s)}{H(s)h(a)}$$

となり，

$$\frac{G(s)}{H(s)} = \frac{f(s)}{h(s)h(a)} + \frac{G(a)}{(s-a)h(a)}$$

が得られるから，$f(s)/h(a) = g(s)$ と表せばよい．

【 例 】

例 1 $L^{-1}[1/(2s+1)]$ を求めよ．

解 線形性と変換表により，

$$L^{-1}\left[\frac{1}{2s+1}\right] = L^{-1}\left[\frac{1}{2} \cdot \frac{1}{s-(-1/2)}\right] = \frac{1}{2}e^{-t/2}.$$

例 2 $L^{-1}[s/(s^2-2s+5)]$ を求めよ．

解 線形性と変換表により，

$$L^{-1}\left[\frac{s}{s^2-2s+5}\right] = L^{-1}\left[\frac{s-1}{(s-1)^2+2^2}\right] + \frac{1}{2}L^{-1}\left[\frac{2}{(s-1)^2+2^2}\right]$$
$$= e^t \cos 2t + \frac{1}{2}e^t \sin 2t.$$

例 3 $L^{-1}[s/(s^2-4s+3)]$ を求めよ．

解

$$\frac{s}{s^2-4s+3} = \frac{s}{(s-1)(s-3)} = \frac{A}{s-1} + \frac{B}{s-3}$$

と部分分数に分解する．通分し，分子を比較すると
$$s = A(s-3) + B(s-1).$$
この式で，$s=1$ とおくと $A=-1/2$, $s=3$ とおくと $B=3/2$ が得られる．したがって線形性と変換表により，
$$L^{-1}\left[\frac{s}{s^2-4s+3}\right] = L^{-1}\left[-\frac{1}{2}\frac{1}{s-1} + \frac{3}{2}\frac{1}{s-3}\right] = -\frac{1}{2}e^t + \frac{3}{2}e^{3t}.$$

例 4 $L^{-1}[s/(s^2-1)(s^2+1)]$ を求めよ．

解
$$\frac{s}{(s^2-1)(s^2+1)} = \frac{A}{s-1} + \frac{B}{s+1} + \frac{Cs+D}{s^2+1}$$
と部分分数に分解する．通分し，分子を比較すると
$$s = A(s+1)(s^2+1) + B(s-1)(s^2+1) + (Cs+D)(s^2-1).$$
この式で，$s=1$ とおくと $A=1/4$, $s=-1$ とおくと $B=1/4$ が得られる．また，$s=\pm i$ とおくと，$\pm i = -(\pm Ci+D)2$ となり，$D=0$, $C=-1/2$ が得られる．したがって線形性と変換表により，
$$L^{-1}\left[\frac{s}{(s^2-1)(s^2+1)}\right] = L^{-1}\left[\frac{1}{4}\frac{1}{s-1} + \frac{1}{4}\frac{1}{s+1} - \frac{1}{2}\frac{s}{s^2+1}\right]$$
$$= \frac{1}{4}e^t + \frac{1}{4}e^{-t} - \frac{1}{2}\cos t.$$

例 5 $L^{-1}[s^2/(s+1)(s+2)^2]$ を求めよ．

解
$$\frac{s^2}{(s+1)(s+2)^2} = \frac{A}{s+1} + \frac{B}{s+2} + \frac{C}{(s+2)^2}$$
と部分分数に分解する．通分し，分子を比較すると
$$s^2 = A(s+2)^2 + B(s+1)(s+2) + C(s+1).$$
この式で，$s=-1$ とおくと $A=1$, $s=-2$ とおくと $C=-4$ が得られる．また，両辺を微分し，$s=-2$ とおけば，
$$2s = 2A(s+2) + B(2s+3) + C$$

より，$B=0$ が得られる．したがって，線形性と変換表により，

$$L^{-1}\left[\frac{s^2}{(s+1)(s+2)^2}\right] = L^{-1}\left[\frac{1}{s+1} - 4\frac{1}{(s+2)^2}\right] = e^{-t} - 4te^{-2t}.$$

================ 問　題　4.2 ================

問 1　ラプラス逆変換を求めよ．
　　(1) $1/(2s-4)^2$　　(2) $(2s+1)/(2s^2-4s+4)$　　(3) $1/s(s^2+1)$
　　(4) $s/(s^2+1)(s^2+4)$　　(5) $s/(s-1)^2(s-3)^2$

問 2　$F(s) = (2s+1)/(s^2+4)^2$ とする．

$$\frac{2s+1}{(s^2+4)^2} = \frac{As+B}{s^2+4} + \frac{C(s^2-4)+Ds}{(s^2+4)^2}$$

の形に展開せよ．また，この展開を利用して，$L^{-1}[F]$ を求めよ．

4.3 微分方程式への応用

【要 点】

1. ラプラス変換の 1 つの応用として,定数係数線形微分方程式 (系) の初期値問題を取り上げる.この節では独立変数は t とする.

2. 初期値問題

$$\frac{d^2y}{dt^2} + p\frac{dy}{dt} + qy = f(t), \quad y(0) = y_0, \frac{dy}{dt}(0) = y_1$$

を考える.ここで,p, q は定数とする.

⟨方程式をラプラス変換する⟩ $Y(s) = L[y(t)]$, $F(s) = L[f(t)]$ とおく.ラプラス変換の性質より $L[y'(t)] = sY(s) - y_0$, $L[y''(t)] = s^2Y(s) - y_0 s - y_1$ だから,方程式の両辺をラプラス変換すると

$$(s^2 + ps + q)Y(s) - y_0 s - y_1 - py_0 = F(s)$$

⟨$Y(s)$ を求める⟩

$$Y(s) = \frac{y_0 s + y_1 + py_0}{s^2 + ps + q} + \frac{1}{s^2 + ps + q}F(s)$$

⟨$Y(s)$ をラプラス逆変換する⟩

$$y(t) = L^{-1}\left[\frac{y_0 s + y_1 + py_0}{s^2 + ps + q}\right] + L^{-1}\left[\frac{1}{s^2 + ps + q}F(s)\right]$$

これが上記初期値問題の解になる.

3. 微分方程式系の初期値問題

$$\frac{d\boldsymbol{x}}{dt} = A\boldsymbol{x} + \boldsymbol{f}(t), \quad \boldsymbol{x}(0) = \boldsymbol{x}_0$$

も同様に解くことができる.
⟨方程式をラプラス変換する⟩ $X(s) = L[\boldsymbol{x}(t)]$, $F(s) = L[\boldsymbol{f}(t)]$ とおく.方程式の両辺をラプラス変換すると

$$sX(s) - \boldsymbol{x}_0 = AX(s) + F(s)$$

⟨$X(s)$ を求める⟩

$$X(s) = (sI - A)^{-1}\boldsymbol{x}_0 + (sI - A)^{-1}F(s)$$

⟨$X(s)$ をラプラス逆変換する⟩

$$\boldsymbol{x}(t) = L^{-1}[(sI - A)^{-1}\boldsymbol{x}_0] + L^{-1}[(sI - A)^{-1}F(s)]$$

これが上記初期値問題の解になる．

【 例 】

例 1 次の初期値問題を Laplace 変換を用いて解こう．

$$\frac{d^2y}{dt^2} + 4\frac{dy}{dt} + 3y = e^{-2t}, \quad y(0) = 2, \frac{dy}{dt}(0) = -3$$

解 $Y(s) = L[y(t)]$ とおく．方程式の両辺を Laplace 変換すると

$$s^2Y(s) - 2s + 3 + 4(sY(s) - 2) + 3Y(s) = \frac{1}{s+2}.$$

$Y(s)$ について解くと

$$Y(s) = \frac{2s+5}{(s+1)(s+3)} + \frac{1}{(s+1)(s+2)(s+3)}.$$

$(2s+5)/((s+1)(s+3))$ を部分分数分解する．

$$\frac{2s+5}{(s+1)(s+3)} = \frac{A}{s+1} + \frac{B}{s+3}, \quad A, B : 定数$$

したがって，

$$2s + 5 = A(s+3) + B(s+1).$$

A, B を求めるために，係数比較すると（あるいは，上式において，$s = -1, s = -3$ を代入する），

$$A + B = 2, \quad 3A + B = 5.$$

これより $A = 3/2, B = 1/2$．

次に，$1/\{(s+1)(s+2)(s+3)\}$ を部分分数分解する．

$$\frac{1}{(s+1)(s+2)(s+3)} = \frac{A}{s+1} + \frac{B}{s+2} + \frac{C}{s+3}, \quad A, B, C : 定数$$

これより

$$1 = A(s+2)(s+3) + B(s+1)(s+3) + C(s+1)(s+2).$$

A, B, C を求めるために，係数比較する (あるいは，上式において，$s = -1, s = -2, s = -3$ を代入する) と，

$$A + B + C = 0, \quad 5A + 4B + 3C = 0, \quad 6A + 3B + 2C = 1.$$

これを解いて $A = 1/2, B = -1, C = 1/2$.
2 つの部分分数分解をあわせて

$$Y(s) = \frac{2}{s+1} - \frac{1}{s+2} + \frac{1}{s+3}.$$

逆変換して

$$y(t) = 2e^{-t} - e^{-2t} + e^{-3t}.$$

これが求める解である．

例 2 次の初期値問題を Laplace 変換を用いて解こう．

$$\frac{d^2y}{dt^2} + y = 3\cos 2t, \quad y(0) = 1, \frac{dy}{dt}(0) = 1$$

解 $Y(s) = L[y(t)]$ とおく．方程式の両辺を Laplace 変換すると

$$s^2 Y(s) - s - 1 + Y(s) = \frac{3s}{s^2 + 4}.$$

$Y(s)$ について解くと

$$Y(s) = \frac{s+1}{s^2+1} + \frac{3s}{(s^2+1)(s^2+4)} = \frac{s}{s^2+1} + \frac{1}{s^2+1} + \frac{3s}{(s^2+1)(s^2+4)}.$$

$3s/((s^2+1)(s^2+4))$ を部分分数分解する．

$$\frac{3s}{(s^2+1)(s^2+4)} = \frac{As+B}{s^2+1} + \frac{Cs+D}{s^2+4}, \quad A, B, C, D : 定数$$

係数比較すると,

$$A+C=0, \quad B+D=0, \quad 4A+C=3, \quad 4B+D=0$$

これより $A=1$, $B=0$, $C=-1$, $D=0$. ゆえに

$$Y(s) = 2\frac{s}{s^2+1} + \frac{1}{s^2+1} - \frac{s}{s^2+4}.$$

逆変換して

$$y(t) = 2\cos t + \sin t - \cos 2t.$$

これが求める解である.

例3 次の初期値問題を Laplace 変換を用いて解こう.

$$\frac{d^2y}{dt^2} - 4\frac{dy}{dt} + 4y = e^t, \quad y(0)=1, \frac{dy}{dt}(0)=2$$

解 $Y(s) = L[y(t)]$ と表す. 方程式の両辺を Laplace 変換して, $Y(s)$ を求めると,

$$Y(s) = \frac{1}{s-2} + \frac{1}{(s-1)(s-2)^2}.$$

$1/((s-1)(s-2)^2)$ を部分分数分解する.

$$\frac{1}{(s-1)(s-2)^2} = \frac{A}{s-1} + \frac{B}{s-2} + \frac{C}{(s-2)^2}, \quad A,B,C:\text{定数}$$

したがって,

$$1 = A(s-2)^2 + B(s-1)(s-2) + C(s-1).$$

係数比較すると,

$$A+B=0, \quad -4A-3B+C=1, \quad 4A+2B-C=0.$$

これを解いて, $A=1$, $B=-1$, $C=1$. (あるいは, $s=1,2$ を代入して, $A=1$, $C=1$, 係数比較 (s^2 の係数=0) より $A+B=0$. これより $A=1$, $B=-1$, $C=1$.)

したがって,

$$Y(s) = \frac{1}{s-1} + \frac{1}{(s-2)^2}.$$

ゆえに,
$$y(t) = e^t + te^{2t}.$$
これが求める解である.

例 4 次の初期値問題を Laplace 変換を用いて解こう.
$$\frac{d^2y}{dt^2} - 2\frac{dy}{dt} + 2y = 5e^{-t}, \quad y(0) = 0, \frac{dy}{dt}(0) = -1$$

解 $Y(s) = L[y(t)]$ と表す. 方程式の両辺を Laplace 変換して, $Y(s)$ を求めると,
$$\begin{aligned}
Y(s) &= \frac{5}{(s^2 - 2s + 2)(s + 1)} - \frac{1}{s^2 - 2s + 2} \\
&= \frac{-s + 2}{s^2 - 2s + 2} + \frac{1}{s + 1} \\
&= \frac{-(s - 1)}{(s - 1)^2 + 1} + \frac{1}{(s - 1)^2 + 1} + \frac{1}{s + 1}
\end{aligned}$$

ゆえに,
$$y(t) = -e^t \cos t + e^t \sin t + e^{-t}.$$
これが求める解である.

例 5 次の初期値問題を Laplace 変換を用いて解こう.
$$\frac{d^2y}{dt^2} + 3\frac{dy}{dt} + 2y = f(t), \quad y(0) = 1, \frac{dy}{dt}(0) = 0$$

解 $Y(s) = L[y(t)]$ と表す. 方程式の両辺を Laplace 変換して, $Y(s)$ を求めると,
$$\begin{aligned}
Y(s) &= \frac{s + 3}{(s + 1)(s + 2)} + \frac{1}{(s + 1)(s + 2)} F(s) \\
&= \frac{2}{s + 1} - \frac{1}{s + 2} + \left(\frac{1}{s + 1} - \frac{1}{s + 2}\right) F(s), \quad F(s) = L[f(t)]
\end{aligned}$$

ゆえに,
$$\begin{aligned}
y(t) &= 2e^{-t} - e^{-2t} + e^{-t} * f(t) - e^{-2t} * f(t) \\
&= 2e^{-t} - e^{-2t} + \int_0^t (e^{-(t-\tau)} - e^{-2(t-\tau)}) f(\tau)\, d\tau
\end{aligned}$$

これが求める解である.

例 6 次の初期値問題を Laplace 変換を用いて解こう.

$$\frac{d\boldsymbol{x}}{dt} = \begin{pmatrix} 1 & 3 \\ 0 & -2 \end{pmatrix} \boldsymbol{x}, \quad \boldsymbol{x}(0) = \boldsymbol{c} = {}^t(c_1, c_2)$$

解 方程式は

$$\frac{dx_1}{dt} = x_1 + 3x_2 \qquad x_1(0) = c_1$$
$$\frac{dx_2}{dt} = -2x_2 \qquad x_2(0) = c_2$$

方程式の両辺を Laplace 変換して,

$$sX_1(s) - c_1 = X_1(s) + 3X_2(s)$$
$$sX_2(s) - c_2 = -2X_2(s)$$

これは

$$(s-1)X_1(s) - 3X_2(s) = c_1$$
$$(s+2)X_2(s) = c_2$$

これを $X_1(s), X_2(s)$ について解く.

$$X_2(s) = \frac{c_2}{s+2}$$

$$X_1(s) = \frac{c_1}{s-1} + \frac{3c_2}{(s-1)(s+2)} = \frac{c_1 + c_2}{s-1} - \frac{c_2}{s+2}$$

ゆえに

$$x_1(t) = (c_1 + c_2)e^t - c_2 e^{-2t}, \qquad x_2(t) = c_2 e^{-2t}.$$

例 7 次の初期値問題を Laplace 変換を用いて解こう.

$$\frac{d\boldsymbol{x}}{dt} = \begin{pmatrix} 1 & 0 & -2 \\ 2 & -1 & -2 \\ -2 & 2 & 0 \end{pmatrix} \boldsymbol{x}, \quad \boldsymbol{x}(0) = \boldsymbol{c} = {}^t(1, 2, -1)$$

解 方程式の両辺を Laplace 変換して，

$$(s-1)X_1(s) + 2X_3(s) = 1$$
$$-2X_1(s) + (s+1)X_2(s) + 2X_3(s) = 2$$
$$2X_1(s) - 2X_2(s) + sX_3(s) = -1$$

これを解くと

$$X_1(s) = \frac{1}{s(s-1)(s+1)} \begin{vmatrix} 1 & 0 & 2 \\ 2 & s+1 & 2 \\ -1 & -2 & s \end{vmatrix}$$

$$= \frac{s^2+3s-2}{s(s-1)(s+1)} = \frac{2}{s} + \frac{1}{s-1} - 2\frac{1}{s+1}$$

$$X_2(s) = \frac{1}{s(s-1)(s+1)} \begin{vmatrix} s-1 & 1 & 2 \\ -2 & 2 & 2 \\ 2 & -1 & s \end{vmatrix}$$

$$= \frac{2s^2+2s-2}{s(s-1)(s+1)} = \frac{2}{s} + \frac{1}{s-1} - \frac{1}{s+1}$$

$$X_3(s) = \frac{1}{s(s-1)(s+1)} \begin{vmatrix} s-1 & 0 & 1 \\ -2 & s+1 & 2 \\ 2 & -2 & -1 \end{vmatrix}$$

$$= \frac{-s^2+2s-1}{s(s-1)(s+1)} = \frac{1}{s} - 2\frac{1}{s+1}$$

ゆえに

$$x_1(t) = 2 + e^t - 2e^{-t}, \quad x_2(t) = 2 + e^t - e^{-t}, \quad x_3(t) = 1 - 2e^{-t}.$$

例 8 次の初期値問題を Laplace 変換を用いて解こう．

$$\frac{d\boldsymbol{x}}{dt} = \begin{pmatrix} 0 & -4 \\ 1 & 0 \end{pmatrix} \boldsymbol{x}, \quad \boldsymbol{x}(0) = \boldsymbol{c} = {}^t(c_1, c_2)$$

解 方程式の両辺を Laplace 変換して，

$$sX_1(s) + 4X_2(s) = c_1$$
$$-X_1(s) + sX_2(s) = c_2$$

これを $X_1(s), X_2(s)$ について解くと
$$X_1(s) = c_1 \frac{s}{s^2+2^2} - 2c_2 \frac{2}{s^2+2^2}, \quad X_2(s) = c_2 \frac{s}{s^2+2^2} + \frac{c_1}{2}\frac{2}{s^2+2^2}.$$
ゆえに
$$x_1(t) = c_1 \cos 2t - 2c_2 \sin 2t, \qquad x_2(t) = c_2 \cos 2t + \frac{c_1}{2}\sin 2t.$$

例 9 次の初期値問題を Laplace 変換を用いて解こう.
$$\frac{d\boldsymbol{x}}{dt} = \begin{pmatrix} -1 & -1 & 0 & 0 \\ 1 & -1 & 0 & 0 \\ 0 & 0 & 3 & -2 \\ 0 & 0 & 1 & 1 \end{pmatrix}\boldsymbol{x}, \quad \boldsymbol{x}(0) = \boldsymbol{c} = {}^t(c_1, c_2, c_3, c_4)$$

解 方程式の両辺を Laplace 変換して,
$$(s+1)X_1(s) + X_2(s) = c_1$$
$$-X_1(s) + (s+1)X_2(s) = c_2$$
$$(s-3)X_3(s) + 2X_4(s) = c_3$$
$$-X_3(s) + (s-1)X_4(s) = c_4$$

これを解くと,
$$X_1(s) = c_1 \frac{s+1}{(s+1)^2+1} - c_2 \frac{1}{(s+1)^2+1}$$
$$X_2(s) = c_2 \frac{s+1}{(s+1)^2+1} + c_1 \frac{1}{(s+1)^2+1}$$
$$X_3(s) = c_3 \frac{s-2}{(s-2)^2+1} + (c_3 - 2c_4)\frac{1}{(s-2)^2+1}$$
$$X_4(s) = c_4 \frac{s-2}{(s-2)^2+1} + (c_3 - c_4)\frac{1}{(s-2)^2+1}$$

したがって,
$$x_1(t) = c_1 e^{-t} \cos t - c_2 e^{-t} \sin t$$
$$x_2(t) = c_2 e^{-t} \cos t + c_1 e^{-t} \sin t$$
$$x_3(t) = c_3 e^{2t} \cos t + (c_3 - 2c_4) e^{2t} \sin t$$
$$x_4(t) = c_4 e^{2t} \cos t + (c_3 - c_4) e^{2t} \sin t$$

例 10　次の初期値問題を Laplace 変換を用いて解こう．

$$\frac{d\boldsymbol{x}}{dt} = \begin{pmatrix} -1 & 0 & 0 \\ 0 & 3 & -2 \\ 0 & 1 & 1 \end{pmatrix} \boldsymbol{x}, \quad \boldsymbol{x}(0) = \boldsymbol{c} = {}^t(c_1, c_2, c_3)$$

解　方程式の両辺を Laplace 変換して，

$$(s+1)X_1(s) = c_1$$
$$(s-3)X_2(s) + 2X_3(s) = c_2$$
$$-X_2(s) + (s-1)X_3(s) = c_3$$

これを解いて

$$X_1(s) = c_1 \frac{1}{s+1}$$
$$X_2(s) = c_2 \frac{s-2}{(s-2)^2+1} + (c_2 - 2c_3)\frac{1}{(s-2)^2+1}$$
$$X_3(s) = c_3 \frac{s-2}{(s-2)^2+1} + (c_2 - c_3)\frac{1}{(s-2)^2+1}$$

ゆえに

$$x_1(t) = c_1 e^{-t}$$
$$x_2(t) = c_2 e^{2t} \cos t + (c_2 - 2c_3)e^{2t} \sin t$$
$$x_3(t) = c_3 e^{2t} \cos t + (c_2 - c_3)e^{2t} \sin t$$

================ 問　題　4.3 ================

問 1　次の初期値問題を Laplace 変換を用いて解け．$(y'(0) = (dy/dt)(0))$

(1) $\dfrac{d^2y}{dt^2} - 3\dfrac{dy}{dt} + 2y = e^{2t}, \quad y(0) = -1, \, y'(0) = -2$

(2) $\dfrac{d^2y}{dt^2} + 3\dfrac{dy}{dt} + 2y = 3e^t, \quad y(0) = 1, \, y'(0) = -1$

(3) $\dfrac{d^2y}{dt^2} + 2\dfrac{dy}{dt} + 2y = 1, \quad y(0) = 1, \, y'(0) = -1$

(4) $\dfrac{d^2y}{dt^2} + 2\dfrac{dy}{dt} + y = t, \quad y(0) = 0,\ y'(0) = 1$

(5) $\dfrac{d^2y}{dt^2} + 2\dfrac{dy}{dt} + 2y = e^{-t}\cos 2t, \quad y(0) = 0,\ y'(0) = 1$

(6) $\dfrac{d^2y}{dt^2} + 4\dfrac{dy}{dt} + 5y = 2te^{-t}, \quad y(0) = 1,\ y'(0) = 1$

(7) $\dfrac{d^2y}{dt^2} = f(t), \quad y(0) = 1,\ y'(0) = 1$

(8) $\dfrac{d^2y}{dt^2} + y = f(t), \quad y(0) = -1,\ y'(0) = 2$

問 2　関数 $1/(s^2 + ps + q)$ のラプラス逆変換を求めよ．

問 3　行列 A, 初期値 $\boldsymbol{x}(0) = \boldsymbol{x}_0$ が以下のとき，初期値問題：
$$\dfrac{d\boldsymbol{x}}{dt} = A\boldsymbol{x}, \quad \boldsymbol{x}(0) = \boldsymbol{x}_0$$

を Laplace 変換を用いて解け．

(1) $A = \begin{pmatrix} 2 & 1 \\ 2 & 3 \end{pmatrix}, \quad \boldsymbol{x}_0 = {}^t(1, 2)$

(2) $A = \begin{pmatrix} 2 & -3 \\ 1 & -2 \end{pmatrix}, \quad \boldsymbol{x}_0 = {}^t(3, 1)$

(3) $A = \begin{pmatrix} 1 & -2 \\ -2 & 1 \end{pmatrix}, \quad \boldsymbol{x}_0 = {}^t(3, 1)$

(4) $A = \begin{pmatrix} 1 & 2 \\ -2 & 1 \end{pmatrix}, \quad \boldsymbol{x}_0 = {}^t(1, -2)$

(5) $A = \begin{pmatrix} 1 & -2 \\ 1 & -1 \end{pmatrix}, \quad \boldsymbol{x}_0 = {}^t(1, -1)$

(6) $A = \begin{pmatrix} 3 & -2 \\ 1 & 1 \end{pmatrix}, \quad \boldsymbol{x}_0 = {}^t(1, -1)$

(7) $A = \begin{pmatrix} 2 & 0 & 2 \\ 1 & -1 & -2 \\ -1 & 3 & 5 \end{pmatrix}, \quad \boldsymbol{x}_0 = {}^t(5, 1, 1)$

(8) $A = \begin{pmatrix} 1 & 0 & -2 \\ 2 & -1 & -2 \\ -2 & 2 & 0 \end{pmatrix}, \quad \boldsymbol{x}_0 = {}^t(1, 2, -1)$

(9) $A = \begin{pmatrix} 6 & -3 & -7 \\ -1 & 2 & 1 \\ 5 & -3 & -6 \end{pmatrix}, \quad \boldsymbol{x}_0 = {}^t(3, -1, 2)$

(10) $A = \begin{pmatrix} -1 & 0 & 0 \\ 0 & -3 & 5 \\ 0 & -1 & 1 \end{pmatrix}$, $\boldsymbol{x}_0 = {}^t(2,2,1)$

(11) $A = \begin{pmatrix} 1 & 0 & 1 \\ 0 & 1 & 0 \\ -1 & 0 & 1 \end{pmatrix}$, $\boldsymbol{x}_0 = {}^t(1,1,1)$

(12) $A = \begin{pmatrix} -2 & 1 & 0 \\ 0 & 1 & 3 \\ 0 & -1 & -1 \end{pmatrix}$, $\boldsymbol{x}_0 = {}^t(2,3,-1)$

4.4 デルタ関数

【要点】

1. ヘビサイド関数　次の関数をヘビサイド (Heaviside) 関数という.

$$H(t) = \begin{cases} 1, & t > 0 \\ 0, & t < 0 \end{cases}$$

正の定数 a に対し, $H(t-a)$ は $H(t)$ を a だけ平行移動した関数である. $H(t), H(t-a)$ のラプラス変換は

$$L[H(t)] = \frac{1}{s}, \quad L[H(t-a)] = \frac{e^{-as}}{s} \tag{4.1}$$

実際,

$$\int_0^\infty H(t-a)e^{-st}dt = \int_a^\infty e^{-s(t-a)-as}dt = \frac{e^{-as}}{s}.$$

2. デルタ関数　$\varepsilon > 0$ に対し, 関数

$$h_\varepsilon(t) = \frac{H(t) - H(t-\varepsilon)}{\varepsilon} = \begin{cases} \dfrac{1}{\varepsilon}, & 0 < t < \varepsilon \\ 0, & \text{elsewhere} \end{cases}$$

を考える. $\varepsilon \to 0$ のときのこの関数の極限はヘビサイド関数の微分を定義するが, 普通の意味の関数ではない. 記号的に $\delta(t)$ で表し, ディラック (Dirac) のデルタ関数とよぶ.

$$\delta(t) := \frac{dH}{dt}(t) := \lim_{\varepsilon \to 0} h_\varepsilon(t) \tag{4.2}$$

物理的には, たとえば, ごく短い時間に作用する大きな力で力積が 1 となるもの, つまり単位衝撃力を表すのに用いられる.

デルタ関数 $\delta(t)$ は普通の関数ではないが, そのラプラス変換を $L[\delta(t)] = \lim_{\varepsilon \to 0} L[h_\varepsilon(t)]$ で定義すると

$$L[\delta(t)] = 1 \tag{4.3}$$

実際,

$$L[\delta(t)] = \lim_{\varepsilon \to 0} L[h_\varepsilon(t)] = \lim_{\varepsilon \to 0} \frac{1 - e^{-\varepsilon s}}{\varepsilon s} = 1$$

3. **インパルス応答，ステップ応答** 初期値がゼロの初期値問題

$$ay''(t) + by'(t) + cy(t) = f(t), \quad y(0) = y'(0) = 0$$

において，$f(t)$ を入力，解 $y(t)$ を応答 (出力) とみなす．とくに $f(t) = \delta(t)$ のときの応答をインパルス (impulse) 応答，$f(t) = H(t)$ のときの応答をステップ (step) 応答 という．[1] (方程式が 2 階以外のときも同様である．) インパルス応答を $e(t)$，ステップ応答を $r(t)$ で表すと，

$$\frac{dr}{dt}(t) = e(t), \quad r(t) = \int_0^t e(t) dt \tag{4.4}$$

がなりたつ．一般的な入力 $f(t)$ に対する応答は，入力とインパルス応答の合成積

$$y(t) = \int_0^t e(t-s) f(s) ds \tag{4.5}$$

で表される (例 3)．

【 例 】

例 1 非減衰振動の方程式 (2 章 6 節例 1)

$$m \frac{d^2}{dt^2} x + kx = f(t)$$

のインパルス応答，ステップ応答を求めよ．

解 $X(s) = L[x(t)]$，$F(s) = L[f(t)]$ と表し，初期値を 0 として，両辺をラプラス変換すると

$$(ms^2 + k) X(s) = F(s).$$

インパルス応答を求めよう．$k/m = \omega_0{}^2$ と表すと，$F(s) = 1$ であるから

$$X(s) = \frac{1}{ms^2 + k} = \frac{1}{m\omega_0} \frac{\omega_0}{s^2 + \omega_0{}^2}$$

---

[1] $f(t) = \delta(t)$ のときの応答とは，$f(t) = h_\varepsilon(t)$ のときの応答 $y_\varepsilon(t)$ の極限 $\lim_{\varepsilon \to 0} y_\varepsilon(t)$ のことである．

より
$$x(t) = \frac{1}{m\omega_0}\sin\omega_0 t = \frac{1}{\sqrt{mk}}\sin\sqrt{\frac{k}{m}}\,t.$$

次にステップ応答を求めよう．$F(s) = 1/s$ であるから
$$X(s) = \frac{1}{ms(s^2+\omega_0{}^2)} = \frac{1}{m\omega_0{}^2}\frac{1}{s} - \frac{1}{m\omega_0{}^2}\frac{s}{s^2+\omega_0{}^2}$$

より
$$x(t) = \frac{1}{k} - \frac{1}{k}\cos\sqrt{\frac{k}{m}}t.$$

例 2 バネの振動に関する，次の2つの初期値問題は $t > 0$ で同じ解をもつことを示せ．また，その物理的な理由を述べよ．
$$m\frac{d^2}{dt^2}x + kx = \delta(t), \quad x(0) = \frac{dx}{dt}(0) = 0$$
$$m\frac{d^2}{dt^2}x + kx = 0, \quad x(0) = 0, \frac{dx}{dt}(0) = \frac{1}{m}$$

解 $L[x(t)] = X(s)$ と表し，ラプラス変換すると，それぞれ
$$ms^2 X + kX = 1$$
$$ms^2 X - m\frac{1}{m} + kX = 0$$

となり，$X(s)$ は一致する．したがって逆変換して，$x(t)$ も同じである．物理的には，次のように解釈される．おもりに単位衝撃を加えることは単位の力積を与えることであり，おもりに運動量1，つまり速度 $1/m$ を与えることに等しい．したがって，上の2つの初期値問題で記述されるおもりの運動は一致する．

例 3 要点3を証明せよ．

解 前半：初期条件を考慮し，ラプラス変換すると，$(as^2+bs+c)L[e] = 1$, $(as^2+bs+c)L[r] = 1/s$ である．したがって，
$$L\left[\frac{dr}{dt}\right] = sL[r] = L[e], \quad L[r] = \frac{1}{s}L[e]$$

ラプラス逆変換すれば，$\dfrac{dr}{dt} = e(t)$, $\displaystyle\int_0^t e(t)\,dt = r(t)$.

後半：$L[f(t)] = F(s)$, $L[y(t)] = Y(s)$ と記すと，ラプラス変換により，$(as^2 + bs + c)Y(s) = F(s)$. よって，

$$Y(s) = \frac{1}{as^2 + bs + c}F(s).$$

$L^{-1}[1/(as^2 + bs + c)] = e(t)$ だから，4.1 節の公式 6 より

$$y(t) = e(t) * f(t) = \int_0^t e(t-s)f(s)\,ds.$$

例 4 2.6 節の LRC 回路 (図 11) の方程式

$$L\frac{dI}{dt} + RI + \frac{Q}{C} = E(t), \qquad Q(t) = \int_0^t I(t)\,dt$$

において，入力 (1) $E(t) = H(t)$，および (2) $E(t) = \delta(t)$ に対する応答 $I(t)$ をそれぞれ求めよ．ただし，$I(0) = 0$ とする．

解　両辺をラプラス変換すると

$$\left(Ls + R + \frac{1}{Cs}\right)L[I] = L[E]$$

(1) $E = H(t)$ のとき，$L[E] = 1/s$ だから，

$$L[I] = \frac{1}{s}\frac{1}{Ls + R + 1/(Cs)} = \frac{1}{L}\frac{1}{s^2 + 2as + b}$$

ここで，$R/L = 2a$, $1/(LC) = b$ と表した．$a^2 - b = \dfrac{R^2 - 4L/C}{4L^2} < 0$ つまり $R < \sqrt{4L/C}$ のとき，

$$I(t) = L^{-1}\left[\frac{1}{L\sqrt{b-a^2}}\frac{\sqrt{b-a^2}}{(s+a)^2 + b - a^2}\right] = \frac{1}{L\sqrt{b-a^2}}e^{-at}\sin\sqrt{b-a^2}\,t.$$

(2) 上の $I(t)$ を 1 回微分すればインパルス応答が得られる．

$$I(t) = \frac{1}{L\sqrt{b-a^2}}e^{-at}\left\{-a\sin\sqrt{b-a^2}\,t + \sqrt{b-a^2}\cos\sqrt{b-a^2}\,t\right\}$$

($R \geqq \sqrt{4L/C}$ のときは省略する．)

======================= 問　題　4.4 =======================

問 1　任意の連続関数 $f(t)$ に対し，
$$\int_{-\infty}^{\infty} \delta(t)f(t)\,dt = f(0)$$
が成り立つことを説明せよ．

問 2　$L[f(t)] = F(s)$ とする．$a \geqq 0$ に対し
$$L[f(t-a)H(t-a)] = F(s)e^{-as}$$
であることを示せ．

問 3　初期値問題
$$ay''(t) + by'(t) + cy(t) = f(t), \quad y(0) = y'(0) = 0$$
において，インパルス応答を $e(t)$，ステップ応答を $r(t)$ で表す．(1) $f(t) = \delta(t-t_0)$ のとき，および (2) $f(t) = H(t-t_0)$ のときの応答を $e(t), r(t)$ を用いて表せ．ただし，$t_0 \geqq 0$．

問 4　ζ, ω_0 を正の定数とする．減衰振動の方程式
$$\frac{d^2x}{dt^2} + 2\zeta\omega_0\frac{dx}{dt} + \omega_0{}^2 x = f(t)$$
のインパルス応答，ステップ応答を求めよ (この方程式は 2 章 6 節の例 4 で，方程式の両辺を m で割り，$\omega_0 = \sqrt{k/m}$，$\zeta = a/(2\sqrt{k/m})$ とおき，右辺を $f(t)$ としたものである)．

問 5　次の 2 つの関数のグラフを描き，かつそれらのラプラス変換を求めよ．
 (1) $f(t) = H(t) - H(t-1) + H(t-2) - H(t-3)$
 (2) $g(t) = f(t)\sin \pi t$

問 6　初期値問題
$$y'' + 4y' + 3y = f(t), \quad y(0) = y'(0) = 0$$
において，$f(t) = H(t) - H(t-1)$ を入力したときの応答を求めよ．

解　答

§1.1

問 1　$y = Cx^2$ を方程式に代入すると，$x(2Cx) - 2Cx^2 = 0$.
$y(1) = -1$ より，$C = -1$. 求める解は $y = -x^2$.

問 2　$(x+y)^3 = C(x-y)$ を x について微分すると $3(x+y)^2(1+y') = C(1-y')$. C を消去すると $(2x-y)y' = -x+2y$. $y(1) = 0$ より $C = 1$. ゆえに $(x+y)^3 = x-y$.

問 3　方程式に代入すればよい．また，$y(0) = 2$ より，求める解は $y = 2/(1-2x)$

§1.2

問 1　(1) $y(x) = Ce^{-\int a(x)dx}$

(2) $(1+x)(1+y) = C(1-y)(1-x)$. $y = 1, -1$ も解．ただし，$y = -1$ は，$C = 0$ の場合に含まれる．

(3) $y + \log|y-1| = x + \log|x| + C$. $y = 1$ も解．

(4) $\log|y| - \log|y+1| = x^2 + x + C$. $y = 0, -1$ も解．

(5) $y = (x+C)^2/4$. $y = 0$ も解．

(6) $\sqrt{1+y^2} = t - y$ とおいて，積分変数を y から t に変更すると，
$\int \dfrac{1}{\sqrt{1+y^2}} dy = \int \dfrac{1}{t} dt = \log|t| + C_1 = \log|y + \sqrt{1+y^2}| + C_1$. ゆえに，$y + \sqrt{1+y^2} = Ce^x$.

$$\dfrac{1}{y+\sqrt{1+y^2}} = \dfrac{1}{y+\sqrt{1+y^2}} \dfrac{y-\sqrt{1+y^2}}{y-\sqrt{1+y^2}} = -\left(y - \sqrt{1+y^2}\right) = \dfrac{1}{C}e^{-x}.$$

よって，求める解は $y = \dfrac{1}{2}\left(Ce^x - \dfrac{1}{C}e^{-x}\right)$.

(7) $y^2/(1+y^2) = Ce^{-x^2}$. 解 $y = 0$ は $C = 0$ の場合に含まれる.

問 2 (1) $y^2 - x^2 = Cx$. 解 $y = x, -x$ は, $C = 0$ の場合に含まれる.

(2) $x \log |y| - y = Cx$. $y = 0$ も解である.

(3) $(y+x)(y-2x)^2 = C$. 解 $y = -x, 2x$ は $C = 0$ の場合に含まれる.

(4) $(y-x)^3 = C(y+x)$. 解 $y = x$ は $C = 0$ の場合に含まれる. $y = -x$ も解.

問 3 (1) $2 \arctan \dfrac{y-1}{x+1} - 3 \log\{(x+1)^2 + (y-1)^2\} = C$

(2) $(y+2)^2 + 2(x+1)(y+2) - (x+1)^2 = C$

(3) $(x+1)^2 + (y+1)^2 - (x+1)(y+1) = C$

(4) $4x - 8y - 5 \log |12x - 8y + 7| = C$. $12x - 8y + 7 = 0$ も解.

問 4 (1) $z = y - x$ とおく. $(y-x-1)/(y-x+1) = Ce^{2x}$. $y - x + 1 = 0$ も解.

(2) $z = -x + y + 1$ とおく. $\dfrac{1}{2}(-x+y+1)^2 + (-x+y+1) = -x + C$.

(3) $y + xy' = (xy)'$, $z = xy$ とおく. $-xy = \log |C - x|$.

(4) $(xy' - y)/x^2 = (y/x)'$, $z = y/x$ とおく. $y = (C - \cos x)x$.

問 5 $k \neq 0$ のとき, $y = \dfrac{1}{k}(1 - x^{-k})$. $k = 0$ のとき, $y = \log |x|$.

問 6 (1) 一般解は $\log(x^2 + y^2) + 2 \arctan \dfrac{y}{x} = C$. $y(1) = 0$, より $C = 0$. 極座標表示で $\theta = -\log r$.

(2) $y = 2x \log |x|$

問 7 方程式は, 変数分離形であり Bernoulli の方程式でもある. 解くと $\log \left| \dfrac{y}{y - a/b} \right| = ax + C$.

$0 < y_0 < a/b$ のとき, $x = 0$ の近くでは, 解 $y(x)$ は $y(x) > 0$, $y(x) < a/b$. 絶対値をはずして $\dfrac{y}{a/b - y} = Ce^{ax}$. $y(0) = y_0$ より $C = \dfrac{y_0}{a/b - y_0} (> 0)$. $y(x) = \dfrac{a}{b} \dfrac{C}{C + e^{-ax}} < \dfrac{a}{b}$ がすべての x についてなりたつから, 解は $y(x) = \dfrac{a}{b} \dfrac{C}{C + e^{-ax}}$. $x \to \infty$ とすると, $y(x)$ は, 単調に増大して $\to a/b$.

$y_0 = a/b$ のとき, $y(x) = y_0 = a/b$.

$y_0 > a/b$ のとき, $x = 0$ の近くでは, 解 $y(x)$ は $y(x) > a/b$. 絶対値をはずして $\dfrac{y}{y - a/b} = Ce^{ax}$. $y(0) = y_0$ より $C = \dfrac{y_0}{y_0 - a/b} (> 1)$. $y(x) = \dfrac{a}{b} \dfrac{C}{C - e^{-ax}} >$

a/b がすべての x についてなりたつから，解は $y(x) = \dfrac{a}{b}\dfrac{C}{C-e^{-ax}}$. $x \to \infty$ とすると，$y(x)$ は，単調に減少して $\to a/b$.

問 8 (1) $a \neq 1$ のとき $y_a(x) = \dfrac{1}{a-1}(e^{ax}-e^x)$. $a=1$ のとき $y_1(x) = xe^x$.

(2) $\displaystyle\lim_{a \to 1}\dfrac{1}{a-1}(e^{ax}-e^x) = \left(\dfrac{de^{ax}}{da}\right)_{a=1} = xe^x$

§1.3

問 1 (1) $y = Ce^{-2x} + \dfrac{1}{2}x - \dfrac{1}{4}$ (2) $y = Ce^{-2x} + \dfrac{1}{5}(2\sin x - \cos x)$
(3) $y = Cx^{-\frac{1}{2}} + \dfrac{1}{3}x$ (4) $y = Ce^{\frac{1}{2}x^2} - x^2 - 2$ (5) $\dfrac{1}{y} = Ce^{3x} + \dfrac{1}{3}x + \dfrac{1}{9}$

問 2 (1) $y = \dfrac{1}{5}(e^{-2x} + 2\sin x - \cos x)$ (2) $y = \dfrac{5}{3}\dfrac{1}{\sqrt{x}} + \dfrac{1}{3}x$
(3) $y^2 = \dfrac{3}{2}e^{2x} - \left(x + \dfrac{1}{2}\right)$

問 3 (1) $y = Cx - \log|x| - 1$ (2) $y = (x+C)e^{-2x}$ (3) $y = Cx - x\cos x$
(4) $y = \dfrac{C}{x} + \dfrac{1}{2}x\log x - \dfrac{1}{4}x$ (5) $y = x/\left(C - \dfrac{1}{2}x^2\right)$
(6) $\dfrac{1}{y^2} = Ce^{2x} + x + \dfrac{1}{2}$ (7) $y = x\dfrac{Ce^{2x}+1/2}{Ce^{2x}-1/2}$
(8) $y^2 = Ce^{-x} + x - 1$

問 4 $y = y'$ であるから，これを解いて，$y(x) = Ce^x$，C：任意定数.

問 5 $z = y^2 - x$ とおくと，$dz/dx = z$. これを解いて，$y^2(x) = x + Ce^x$. $y(0) = 1$ より $C = 1$. $y(x) = \sqrt{x + e^x}$.

問 6 $x^2 y' + 2xy = d(x^2 y)/dx = \cos x$. これを解いて，$x^2 y = \sin x + C$. $y(\pi) = 1/\pi$ より $C = \pi$. 解は，$y(x) = (\sin x)/x^2 + \pi/x^2$.

問 7 $z(x) = y_\varepsilon(x) - y(x)$ とおく，$z' + az = \varepsilon$. $z(0) = 0$ を解くと，$z(x) = \dfrac{\varepsilon}{a}(1-e^{-ax})$. $a > 0$, $x \geqq 0$ だから $|z(x)| \leqq |\varepsilon|/a$.

問 8 $z(x) = y_0(x) - y_1(x)$ とおくと，$z' + ax = 0$, $z(0) = y_0 - y_1$. これを解いて，$z(x) = (y_0 - y_1)e^{-ax}$. $a > 0$ より，$\displaystyle\lim_{x \to \infty}|z(x)| = 0$.

問 9 $a = 0$ のとき，(1) $y_\varepsilon(x) = x/\varepsilon$ $(0 \leqq x < \varepsilon)$, $y_\varepsilon(x) = 1$ $(x \geqq \varepsilon)$.

(2) $y(x) = 1\ (x > 0),\ y(0) = 0$

$a \neq 0$ のとき, (1) $y_\varepsilon(x) = \dfrac{1}{a\varepsilon}(1-e^{-ax})\ (0 \leq x < \varepsilon),\ y_\varepsilon(x) = e^{-ax}\dfrac{1}{a\varepsilon}(e^{a\varepsilon}-1)$

$(x \geq \varepsilon)$. (2) $y(x) = e^{-ax}\ (x > 0),\ y(0) = 0$

問 10 (1) $a \neq 1$ のとき $y_a(x) = \dfrac{1}{a-1}(e^{ax} - e^x)$. $a = 1$ のとき $y_1(x) = xe^x$.

(2) $\displaystyle\lim_{a \to 1}\dfrac{1}{a-1}(e^{ax} - e^x) = \left(\dfrac{de^{ax}}{da}\right)_{a=1} = xe^x$

§1.4

問 1 (1) $f = x^2 - 2y,\ g = y^2 - 2x$ とおくと, $f_y = g_x = -2$. 一般解は $x^3 + y^3 - 6xy = C$.

(2) $f = y - x^3,\ g = x - \cos y$ とおくと, $f_y = g_x = 1$. 一般解は $x^4 - 4xy + 4\sin y = C$.

(3) $f = x^2 + \log y,\ g = 1 + x/y$ とおくと, $f_y = g_x = 1/y$. 一般解は $x^3 + 3y + 3x \log |y| = C$.

問 2 $F_x = f(x,y),\ F_y = \displaystyle\int_a^x f_y(t,y)\,dt + g(a,y) = \int_a^x g_x(t,y)\,dt + g(a,y) = g(x,y) - g(a,y) + g(a,y) = g(x,y)$

問 3 $f = y,\ g = -(2x + y^4)$ とおくと, $f_y = 1,\ g_x = -2$. y^{-3} をかけて $f = \dfrac{1}{y^2},\ g = -\left(\dfrac{2x}{y^3} + y\right)$ とおくと, $f_y = -\dfrac{2}{y^3} = g_x$. 一般解は $x - \dfrac{1}{2}y^4 = Cy^2$.

問 4 (1) $F = fe^{\int ((f_y - g_x)/g)\,dx},\ G = ge^{\int ((f_y - g_x)/g)\,dx}$ とおくと,

$F_y = f_y e^{\int ((f_y - g_x)/g)\,dx},\ G_x = \left(g_x + g\dfrac{f_y - g_x}{g}\right) e^{\int ((f_y - g_x)/g)\,dx}$
$= f_y e^{\int ((f_y - g_x)/g)\,dx}$.

(2) $F = fe^{\int ((g_x - f_y)/f)\,dy},\ G = ge^{\int ((g_x - f_y)/f)\,dy}$ とおくと, $F_y = \left(f_y + f\dfrac{g_x - f_y}{f}\right)e^{\int ((g_x - f_y)/f)\,dy} = g_x e^{\int ((g_x - f_y)/f)\,dy},\ G_x = g_x e^{\int ((g_x - f_y)/f)\,dy}$.

§1.5

問 1 (1) $N=5, h=0.2$ として, (x_k, y_k) を求めると次のようになる. なお, 真の解 $y = x - 1 + xe^{-x}$ である.

k	x_k	y_k	$h(x_k - y_k)$	真の解
0	0	0	0	0
1	0.2	0	0.04	0.0187
2	0.4	0.04	0.072	0.070
3	0.6	0.112	0.0976	0.1488
4	0.8	0.2096	0.1188	0.2493
5	1.0	0.3284	—	0.3679

(2) $N=5, h=0.2$ として, (x_k, y_k) を求めると次のようになる. なお, 真の解 $y = e^{-x^2/2}$ である.

k	x_k	y_k	$-hx_k y_k$	真の解
0	0	1	0	0
1	0.2	1	-0.04	0.9802
2	0.4	0.96	-0.0768	0.9231
3	0.6	0.8832	-0.1060	0.8353
4	0.8	0.7772	-0.1244	0.7261
5	1.0	0.6528	—	0.6065

問 2 略

問 3 (1) 略

(2) $\int \dfrac{1}{\sin y}\, dy = \log\left|\tan\dfrac{y}{2}\right| + C_1$ より, $\tan\dfrac{y}{2} = Ce^x$. $y(0) = \dfrac{\pi}{3}$ より, $C = \dfrac{1}{\sqrt{3}}$. ゆえに, $y = 2\tan^{-1}\dfrac{1}{\sqrt{3}}e^x$.

§1.6

問 1 方程式は $dx/dt = -kx$. これを解いて, $x(t) = x_0 e^{-kt}$. 半減期 T_0 より $x_0 e^{-kT_0} = x_0/2$. 即ち, $kT_0 = \log 2$. 求める時間を t_0 とすると, $x(t_0) = x_0 e^{-kt_0} = x_0/10$. $t_0 = T_0 \log 10 / \log 2$.

問 2 方程式は $dx/dt = kx(a-x)$. これを解いて, $x(t)/(a-x(t)) = Ce^{akt}$ あるいは $x(t) = aCe^{akt}/(1 + Ce^{akt})$. $x(0) = a/2$ より, $C = 1$, $x(t_0) = 2a/3$ より, $k = \log 2/(at_0)$. 求める解は, $t_0 \log 3 / \log 2$.

問 3 時刻 t での水滴の半径を $r(t)$ とする．t から $t+\Delta t$ の間に減った量は，$\frac{4\pi}{3}(r^3(t)-r^3(t+\Delta t))$．一方，蒸発した量は，$4k\pi r^2(t)\Delta t$．方程式は $dr/dt = -k$．これを解いて $r(t) = -kt + C$．$r(0) = r_0$，$r(t_1) = r_1$ より，$C = r_0$，$k = (r_0 - r_1)/t_1$．求める解は $r_0 t_1/(r_0 - r_1)$．

問 4 容器の底を原点に，垂直上方を正の向きにとる．時刻 t の水位を $x(t)$ とする．水位が x のとき，水面の半径を r とすると，$R^2 = (R-x)^2 + r^2$．時刻 t から $t+\Delta t$ の間に減った水の量は，$\pi r^2(x(t) - x(t+\Delta t)) = \pi(2Rx - x^2)(x(t) - x(t+\Delta t))$．一方，流れだした水の量は $kx(t)\Delta t$．方程式は，$(2R - x)\dfrac{dx}{dt} = -\dfrac{k}{\pi}$．これを解いて $2Rx(t) - \dfrac{1}{2}x^2(t) = -\dfrac{k}{\pi}t + C$．$x(0) = R$ より，$C = \dfrac{3}{2}R^2$．$x = \dfrac{R}{2}$ のとき，$\dfrac{dx}{dt} = -v_0$ より，$k = \dfrac{3}{2}\pi R v_0$．求める時間は $\dfrac{R}{v_0}$．

問 5 X, Y を座標軸として，点 (x_0, y) における接線の方程式は，$Y - y = y'(X - x_0) = (f(x_0) - a(x_0)y)(X - x_0)$．$Y = (1 - a(x_0)(X - x_0))y + f(x_0)(X - x_0)$．$y$ に無関係であるから，$1 - a(x_0)X + a(x_0)x_0 = 0$．定点は $\left(\dfrac{1}{a(x_0)} + x_0, \dfrac{f(x_0)}{a(x_0)}\right)$．

問 6 方程式は $dx/dt = kx$．$x(0) = a$ より $x(t) = ae^{kt}$．30 分後を $t = 1/2$ とすると，$k = 2\log 2$．$x(24) = ae^{48\log 2}$．2^{48} 倍．

問 7 方程式は $A\dfrac{dT}{dt} = -k(T - T_a)$．$T(t) = T_a + (T_0 - T_a)e^{-kt/A}$．

問 8 方程式は $\dfrac{dx}{dt} = -kx(b-a+x)$．$b-a > 0$ のとき，$x(t) = \dfrac{a(b-a)e^{-k(b-a)t}}{b - ae^{-k(b-a)t}} \to 0$ $(t \to \infty)$．$b - a < 0$ のとき，$x(t) = \dfrac{a(a-b)}{a - be^{-k(a-b)t}} \to a - b$ $(t \to \infty)$．

問 9 方程式は $V dx/dt + bx = a$．$x(t) = \dfrac{a}{b}(1 - e^{-bt/V})$．

問 10 弾丸が壁にあたった点を原点にとり，弾丸の進む向きを x の正の向きとする．壁の中では，弾丸に働く力は，$k(>0)$ を比例定数として $-k\left(\dfrac{dx}{dt}\right)^2$．
運動方程式は，$\dfrac{d^2x}{dt^2} = -k\left(\dfrac{dx}{dt}\right)^2$．$v = \dfrac{dx}{dt}$ とおくと，$\dfrac{dv}{dt} = -kv^2$．この方程式を解くと，$\dfrac{1}{v} = kt + C$．$v(0) = v_0$，$v(T) = v_1$ より $C = \dfrac{1}{v_0}$，$k = \dfrac{1}{T}\left(\dfrac{1}{v_1} - \dfrac{1}{v_0}\right)$．$H = x(T) - x(0) = \displaystyle\int_0^T v(t)\,dt = \dfrac{Tv_0v_1}{v_0 - v_1}\log\left(\dfrac{v_0 - v_1}{v_1} + 1\right)$．

問 11　物体を流れにいれた点を原点に，流体の流れに沿って x 軸をとる．時刻 t での物体の位置を $x(t)$ とすると，物体に働く力は，$k\left(v_0 - \dfrac{dx}{dt}\right)^2$．運動方程式は $m\dfrac{d^2x}{dt^2} = k\left(v_0 - \dfrac{dx}{dt}\right)^2$．$v = \dfrac{dx}{dt}$ とおくと，上式は $\dfrac{dv}{dt} = \dfrac{k}{m}\left(v_0 - \dfrac{dx}{dt}\right)^2$．これは，変数分離形方程式である．$y = v_0 - v$ とおいて解くと $\dfrac{1}{y} = \dfrac{k}{m}t + C$．$y(0) = v_0$ より $C = \dfrac{1}{v_0}$．$v(t) = v_0 - \dfrac{m}{kt + m/v_0}$．また，$x(0) = 0$ より $x(t) = x(t) - 0 = \displaystyle\int_0^t v(s)\,ds = v_0 t - \dfrac{m}{k}\log\left(\dfrac{kv_0 t}{m} + 1\right)$．

問 12　P の座標を $(x, y(x))$　$(Q = (x, 0))$ とする．
AP の長さ $= \displaystyle\int_0^x \sqrt{1 + y'^2}\,dx$，囲まれた面積 $= \displaystyle\int_0^x y(x)\,dx$．
微分方程式は $1 + (y')^2 = y^2$ 即ち，$\dfrac{dy}{dx} = \pm\sqrt{y^2 - 1}$．
+ の方を考える．$\sqrt{y^2 - 1} = s - y$ とおいて，置換積分すると，$\displaystyle\int \dfrac{1}{\sqrt{y^2 - 1}}\,dy = \log|s| = \log|y + \sqrt{y^2 - 1}|$．ゆえに，$y + \sqrt{y^2 - 1} = Ce^x$．$\dfrac{1}{Ce^x} = \dfrac{1}{y + \sqrt{y^2 - 1}} = \dfrac{y - \sqrt{y^2 - 1}}{y^2 - (y^2 - 1)} = y - \sqrt{y^2 - 1}$．ゆえに，$y(x) = \dfrac{1}{2}\left(Ce^x + \dfrac{1}{Ce^x}\right)$．点 $(0, 1)$ を通ることより，$C = 1$．$-$ の方も同様で，求める解は，$y(x) = \dfrac{1}{2}(e^x + e^{-x}) = \cosh x$．

問 13　$v = \dfrac{dx}{dt}$ とおくと，方程式は $\dfrac{dv}{dt} = -kv^3$．これを解くと，$-\dfrac{1}{2v^2} = -kt + C$．$v(0) = v_0$ より，$\dfrac{1}{v^2} = 2kt + \dfrac{1}{v_0^2}$．$v = \dfrac{dx}{dt} = \dfrac{1}{\sqrt{2kt + 1/v_0^2}}$．ここで，$v_0 > 0$ より $v > 0$ をとった．
$s = x(t) = x(t) - x(0) = \displaystyle\int_0^t \dfrac{1}{\sqrt{2kt + 1/v_0^2}}\,dt = \dfrac{1}{k}\left(\sqrt{2kt + 1/v_0^2} - \dfrac{1}{v_0}\right)$．
したがって，$ks = \sqrt{2kt + 1/v_0^2} - \dfrac{1}{v_0}$．これより t を s の関数として求めると，$t = \dfrac{1}{2}ks^2 + \dfrac{s}{v_0}$．これを v の式に代入すると，$v = \dfrac{v_0}{1 + kv_0 s}$．

問 14　$t = 0$ での船の位置を原点に，進行方向を x の正の向きにとる．運動方程式は $v = dx/dt$ とおくと，$m\,dv/dt = -(\alpha v + \beta v^2)$．
これを解くと，$t + C = \dfrac{m}{\alpha}\log((v + \alpha/\beta)/v)$．$v(0) = v_0$ より，$\dfrac{v_0(v + \alpha/\beta)}{v(v_0 + \alpha/\beta)} =$

$e^{\alpha t/m}$. ゆえに,
$$v = \frac{\alpha v_0}{(\alpha + \beta v_0)e^{\alpha t/m} - \beta v_0}.$$

$\dfrac{dx}{dt} = v$ より, $dx = vdt = -\dfrac{m}{\alpha + \beta v}dv$. $x(0) = 0, v(0) = v_0$, 船がとまるのは $v = 0$ であるから, 求める距離は, $-\dfrac{m}{\alpha + \beta v}$ を v_0 から 0 まで積分して $\dfrac{m}{\beta}\log\left(\dfrac{\beta}{\alpha}v_0 + 1\right)$.

問 15 方程式は $y' = \dfrac{y - a}{x} + \sqrt{1 + (y-a)^2/x^2}$. 解は $y = x^2/4a$, したがって, 題意を満たすのは放物面 (パラボラ) であり, かつそれ以外にはないことがわかる.

§1.7

問 1 (1) $(x - C)^2 + y^2 = C^2$ を x で微分して, $2(x - C) + 2yy' = 0$. C を消去して $2xyy' = y^2 - x^2$.

(2) $y = Ce^{-x}$ を微分して, $y' = -Ce^{-x}$. C を消去して, $y' = -y$.

(3) $x + yy' = 0$

問 2 (1) 前節より方程式は, $(x^2 - y^2)y' = 2xy$. これを解いて $x^2 + (y + C)^2 = C^2$.

(2) 前節より方程式は, $yy' = 1$. これを解いて, $y^2 = 2x + C$.

(3) 前節より方程式は, $xy' - y = 0$. これを解いて, $y = Cx$.

問 3 (1) $y_1(x) = \dfrac{1}{2}x^2$. $y_2(x) = \dfrac{1}{2}x^2 + \dfrac{1}{6}x^3$. $y_3(x) = \dfrac{1}{2}x^2 + \dfrac{1}{6}x^3 + \dfrac{1}{24}x^4$.

(2) $y_1(x) = a + a^2 x$. $y_2(x) = a + a^2 x + a^3 x^2 + \dfrac{1}{3}a^4 x^3$. $y_3(x) = a + a^2 x + a^3 x^2 + a^4 x^3 + \dfrac{2}{3}a^5 x^4 + \dfrac{1}{3}a^6 x^5 + \dfrac{1}{9}a^7 x^6 + \dfrac{1}{63}a^8 x^7$.

§2.2

問 1 (1) 特性方程式 $\lambda^2 + 1 = 0$ の根は $\lambda = \pm i$. 基本解は $\cos x, \sin x$. 一般解は, C_1, C_2 を任意定数として, $y(x) = C_1 \cos x + C_2 \sin x$. $y(0) = 1, y'(0) = 1$ より初期値問題の解は $y(x) = \cos x + \sin x$.

(2) 特性方程式 $\lambda^2 - 1 = 0$ の根は $\lambda = \pm 1$. 基本解は e^x, e^{-x}. 一般解は, C_1, C_2 を任意定数として, $y(x) = C_1 e^x + C_2 e^{-x}$. $y(0) = -1, y'(0) = 2$ より初期

値問題の解は $y(x) = \dfrac{1}{2}e^x - \dfrac{3}{2}e^{-x}$.

(3) 特性方程式 $\lambda^2 + 4\lambda + 4 = 0$ の根は $\lambda = -2$. (重根) 基本解は e^{-2x}, xe^{-2x}. 一般解は, C_2, C_2 を任意定数として, $y(x) = (C_1 + C_2 x)e^{-2x}$. $y(0) = 1, y'(0) = -2$ より初期値問題の解は $y(x) = e^{-2x}$.

(4) 特性方程式 $\lambda^2 + 4\lambda + 3 = 0$ の根は $\lambda = -1, -3$. 基本解は e^{-x}, e^{-3x}. 基本解は e^{-x}, e^{-3x}. 一般解は, C_1, C_2 を任意定数として, $y(x) = C_1 e^{-x} + C_2 e^{-3x}$. $y(0) = -1, y'(0) = 3$ より初期値問題の解は $y(x) = -e^{-3x}$.

問 2   (1) 1,   (2) -2,   (3) e^{-4x},   (4) $-2e^{-4x}$.

問 3 $W(x) = y_1(x)y_2'(x) - y_1'(x)y_2(x)$ を微分すると, $W'(x) = -pW(x)$. これは, 変数分離形, 線形の方程式である. a から x まで積分して, $W(x) = W(a)e^{\left(-\int_a^x p(t)\,dt\right)}$.

問 4 $z' + pz + q + z^2 = 0$. Riccati 方程式になる.

問 5 $\dfrac{dy}{dx} = \dfrac{1}{x}\dfrac{dy}{dt}, \dfrac{d^2y}{dx^2} = \dfrac{1}{x^2}\left(\dfrac{d^2y}{dt^2} - \dfrac{dy}{dt}\right)$. 方程式に代入して, $\dfrac{d^2y}{dt^2} + (p-1)\dfrac{dy}{dt} + qy = 0$. とくに, $x^2\dfrac{d^2y}{dx^2} + x\dfrac{dy}{dx} + y = 0$ は, $\dfrac{d^2y}{dt^2} + y = 0$ となる. この方程式の基本解は $\sin t, \cos t$. $t = \log x$ だから, 求める基本解は $\sin(\log x), \cos(\log x)$.

問 6   特性方程式 $\lambda^4 - 1 = 0$ の根は $\lambda = 1, -1, i, -i$. 基本解は $e^x, e^{-x}, \cos x, \sin x$. 一般解は, C_1, C_2, C_3, C_4 を任意定数として, $y(x) = C_1 e^x + C_2 e^{-x} + C_3 \cos x + C_4 \sin x$.

§2.3

問 1   (1) 基本解は e^{-x}, e^{-2x}. $y(x) = c_1(x)e^{-x} + c_2(x)e^{-2x}$ とおいて, 定数変化法を適用すると, $c_1'(x) = 1, c_2'(x) = e^x$. 積分して, $c_1(x) = x + C_1, c_2(x) = e^x + C_2$. 一般解は $y(x) = C_1 e^{-x} + C_2 e^{-2x} + xe^{-x}$.

(2) 基本解は $e^{-x}\cos x, e^{-x}\sin x$. $y(x) = c_1(x)e^{-x}\cos x + c_2(x)e^{-x}\sin x$ とおいて, 定数変化法を適用すると, $c_1'(x) = -2e^x \sin x, c_2'(x) = 2e^x \cos x$. 積分して, $c_1(x) = e^x(\cos x - \sin x) + C_1, c_2(x) = e^x(\cos x + \sin x) + C_2$. 一般解は $y(x) = C_1 e^{-x}\cos x + C_2 e^{-x}\sin x + 1$.

(3) 基本解は e^x, e^{-x}. $y(x) = c_1(x)e^x + c_2(x)e^{-x}$ とおいて，定数変化法を適用すると，$c_1{}'(x) = \dfrac{1}{2}\cos x$, $c_2{}'(x) = -\dfrac{1}{2}e^{2x}\cos x$. 積分して，$c_1(x) = \dfrac{1}{2}\sin x + C_1, c_2(x) = -\dfrac{1}{10}(2\cos x + \sin x)e^{2x} + C_2$. 一般解は $y(x) = C_1 e^x + C_2 e^{-x} - \dfrac{1}{5}e^x(\cos x - 2\sin x)$.

問2 $y = xu(x)$ とおく. $xu'' + u' = 0$. $v = u'$ とおくと, $xdv/dx + v = 0$, $v = 1/x$. $u = \log x$. 基本解は $x, x\log x$.

問3 $y = e^x u(x)$ とおく. $xu'' - 2u' = 0$. $v = u'$ とおくと, $xdv/dx - 2v = 0$, $v = x^2$. $u = x^3/3$. 基本解は $e^x, x^3 e^x$.

問4 $y = e^{-x} u(x)$ とおく. $xu'' - u' = 0$. $v = u'$ とおくと, $xdv/dx - v = 0$, $v = x$. $u = x^2/2$. 基本解は $e^{-x}, x^2 e^{-x}$.

§2.4

問1 (1) 特性方程式 $\lambda^2 + 3\lambda + 2 = 0$ の解は $\lambda = -1, -2$ 基本解は e^{-x}, e^{-2x}. $y_\text{p}(x) = Ae^x$ とおくと, $A = 1/6$. 一般解は, C_1, C_2 を任意定数として, $C_1 e^{-x} + C_2 e^{-2x} + \dfrac{1}{6}e^x$.

(2) 特性方程式 $\lambda^2 + 4\lambda + 5 = 0$ の解は $\lambda = -2 \pm i$. 基本解は $e^{-2x}\cos x, e^{-2x}\sin x$. $y_\text{p}(x) = Ae^{-x}$ とおくと, $A = 1/2$. 一般解は, C_1, C_2 を任意定数として, $C_1 e^{-2x}\cos x + C_2 e^{-2x}\sin x + \dfrac{1}{2}e^x$.

(3) 特性方程式 $\lambda^2 - 3\lambda + 2 = 0$ の解は $\lambda = 1, 2$. 基本解は e^x, e^{2x}. $y_\text{p}(x) = Axe^x$ とおくと, $A = 1$. 一般解は, C_1, C_2 を任意定数として, $C_1 e^x + C_2 e^{2x} + xe^{2x}$.

(4) 特性方程式 $\lambda^2 - 2\lambda + 1 = 0$ の解は $\lambda = 1$. 基本解は e^x, xe^x. $y_\text{p}(x) = A\cos x + B\sin x$ とおくと, $A = 1/2, B = 0$. 一般解は, C_1, C_2 を任意定数として, $(C_1 + C_2 x)e^x + \dfrac{1}{2}\cos x$.

(5) 特性方程式 $\lambda^2 + 2\lambda + 2 = 0$ の解は $\lambda = -1 \pm i$. 基本解は $e^{-x}\cos x, e^{-x}\sin x$. $y_\text{p}(x) = A\cos x + B\sin x$ とおくと, $A = 1/5, B = 2/5$. 一般解は, C_1, C_2 を任意定数として, $(C_1 \cos x + C_2 \sin x)e^{-x} + \dfrac{1}{5}\cos x + \dfrac{2}{5}\sin x$.

(6) 特性方程式 $\lambda^2 + 4 = 0$ の解は $\lambda = \pm 2i$. 基本解は $\cos 2x, \sin 2x$. $y_\text{p}(x) = Ax\cos 2x + Bx\sin 2x$ とおくと, $A = 0, B = 1/4$. 一般解は, C_1, C_2 を任

意定数として，$C_1 \cos 2x + C_2 \sin 2x + \dfrac{x}{4} \sin 2x$.

(7) 特性方程式 $\lambda^2 - 1 = 0$ の解は $\lambda = -1, 1$. 基本解は e^{-x}, e^x. $y_p(x) = Ax^2 + Bx + C$ とおくと，$A = 0, B = -1$. 一般解は，C_1, C_2 を任意定数として，$C_1 e^{-x} + C_2 e^x - x$.

(8) 特性方程式 $\lambda^2 - 2\lambda + 2 = 0$ の解は $\lambda = 1 \pm i$. 基本解は $e^x \cos x, e^x \sin x$. $y_p(x) = Ax^2 + Bx + C$ とおくと，$A = \dfrac{1}{2}, B = C = 1$. 一般解は，$C_1, C_2$ を任意定数として，$(C_1 \cos x + C_2 \sin x)e^x + \dfrac{1}{2} x^2 + x + 1$.

(9) 特性方程式 $\lambda^2 + 2\lambda = 0$ の解は $\lambda = 0, -2$. 基本解は $1, e^{-2x}$. $y_p(x) = Ax^2 + Bx$ とおくと，$A = 1/4, B = -1/4$. 一般解は，C_1, C_2 を任意定数として，$C_1 + C_2 e^{-2x} + \dfrac{1}{4} x^2 - \dfrac{1}{4} x$.

問2　$\dfrac{A}{(c - a\omega^2)^2 + b^2 \omega^2}((c - a\omega^2) \sin \omega x - b\omega \cos \omega x)$.

§2.5

問1　(1) $\lambda^2 + 2\lambda + 2 = 0$ の解は $\lambda = -1 \pm i$. 基本解は $e^{-x} \cos x, e^{-x} \sin x$. $y_p(x) = \dfrac{1}{D^2 + 2D + 2} e^{0x} = \dfrac{1}{2}$. 一般解は，$C_2, C_2$ を任意定数として，$(C_1 \cos x + C_2 \sin x)e^{-x} + \dfrac{1}{2}$.

(2) 特性方程式 $\lambda^2 + 3\lambda + 2 = 0$ の解は $\lambda = -1, -2$. 基本解は e^{-x}, e^{-2x}. $y_p(x) = \dfrac{1}{D^2 + 3D + 2} e^{-2x} = e^{-2x} \dfrac{1}{(D-2)^2 + 3(D-2) + 2} 1 = e^{-2x} \dfrac{1}{D} \dfrac{1}{D-1} 1 = -e^{-2x} \dfrac{1}{D} 1 = -x e^{-2x}$. 一般解は，$C_2, C_2$ を任意定数として，$C_1 e^{-x} + C_2 e^{-2x} - x e^{-2x}$.

(3) 特性方程式 $\lambda^2 - 2\lambda + 2 = 0$ の解は $\lambda = 1 \pm i$. 基本解は $e^x \cos x, e^x \sin x$.

$$z_p(x) = \dfrac{1}{D^2 - 2D + 2} e^{(1+i)x} = \dfrac{1}{D - 1 - i} \dfrac{1}{D - 1 + i} e^{(1+i)x}$$
$$= \dfrac{1}{2i} \dfrac{1}{D - 1 - i} e^{(1+i)x} = -\dfrac{1}{2} x e^x i (\cos x + i \sin x).$$
$$y_p(x) = \dfrac{1}{2} x e^x \sin x.$$

一般解は，C_1, C_2 を任意定数として，$\left(C_1 \cos x + C_2 \sin x + \dfrac{x}{2} \sin x\right) e^x$.

(4) 特性方程式 $\lambda^2 + 2\lambda + 3 = 0$ の解は $\lambda = -1 \pm i\sqrt{2}$. 基本解は $e^{-x}\cos\sqrt{2}x$, $e^{-x}\sin\sqrt{2}x$. $z_p(x) = \dfrac{1}{D^2 + 2D + 3}2e^{(-1+i)x} = 2e^{(-1+i)x} = 2e^{-x}(\cos x + i\sin x)$. $y_p(x) = 2e^{-x}\sin x$. 一般解は, C_1, C_2 を任意定数として, $(C_1\cos\sqrt{2}x + C_2\sin\sqrt{2}x + 2\sin x)e^{-x}$.

(5) 特性方程式 $\lambda^2 + 1 = 0$ の解は $\lambda = \pm i$. 基本解は $\cos x, \sin x$.
$$z_p(x) = \frac{1}{D^2+1}e^{ix} = \frac{1}{D-i}\frac{1}{D+i}e^{ix}$$
$$= -\frac{i}{2}\frac{1}{D-i}e^{ix} = -\frac{i}{2}x(\cos x + i\sin x).$$
$$y_p(x) = \frac{x}{2}\sin x.$$

一般解は, C_1, C_2 を任意定数として, $C_1\cos x + C_2\sin x + \dfrac{x}{2}\sin x$.

(6) 特性方程式 $\lambda^2 + 2\lambda + 1 = 0$ の解は $\lambda = 1$ (重根). 基本解は e^x, xe^x. $y_p(x) = \dfrac{1}{D^2 + 2D + 1}x = x - 2$. 一般解は, C_1, C_2 を任意定数として, $e^x(C_1 + C_2 x) + x - 2$.

(7) 特性方程式 $\lambda^2 - 2\lambda - 2 = 0$ の解は $\lambda = 1 \pm \sqrt{3}$. 基本解は $e^{(1+\sqrt{3})x}, e^{(1-\sqrt{3})x}$. $y_p(x) = \dfrac{1}{D^2 - 2D - 2}xe^{-x} = e^{-x}\dfrac{1}{(D-1)^2 - 2(D-1) - 2}x = e^{-x}(x+4)$. 一般解は, C_2, C_2 を任意定数として, $C_1 e^{(1+\sqrt{3})x} + C_2 e^{(1-\sqrt{3})x} + (x+4)e^{-x}$.

(8) 特性方程式 $\lambda^2 + 1 = 0$ の解は $\lambda = \pm i$. 基本解は $\cos x, \sin x$.
$$z_p(x) = \frac{1}{D^2+1}(2xe^{ix}) = 2e^{ix}\frac{1}{(D+i)^2+1}x$$
$$= 2e^{ix}\frac{1}{D(2i+D)}x = -ie^{ix}\left(\frac{1}{2}x^2 + \frac{i}{2}x\right).$$
$$y_p(x) = \frac{x}{2}\cos x + \frac{1}{2}x^2\sin x.$$

一般解は, C_1, C_2 を任意定数として, $C_1\cos x + C_2\sin x + \dfrac{1}{2}(x\cos x + x^2\sin x)$.

問 2 (1) 基本解は $e^{-2x}\cos x, e^{-2x}\sin x$. $y_p(x) = \dfrac{e^{-x}}{2}(x-1)$. $y(0) = -1, y'(0) = 1$ より, 求める解は $y(x) = -\left(\dfrac{1}{2}\cos x + \sin x\right)e^{-2x} + \dfrac{e^{-x}}{2}(x-1)$.

(2) 基本解は e^{2x}, xe^{2x}. $y_p(x) = e^x \cos x$. $y(0) = 0, y'(0) = 1$ より, 求める解は $y(x) = (2x-1)e^{2x} + e^x \cos x$.

(3) 基本解は e^{-x}, e^{2x}. $y_p(x) = -\dfrac{1}{2}e^x - x + \dfrac{1}{2}$. $y(0) = 1, y'(0) = \dfrac{1}{2}$ より, 求める解は $y(x) = e^{2x} - \dfrac{1}{2}e^x - x + \dfrac{1}{2}$.

(4) 基本解は e^{-x}, e^{2x}. $y_p(x) = -e^x(x^2 + 3x + 5/2)$. $y(0) = 1/2, y'(0) = -5/2$ より, 求める解は $y(x) = e^{-x} + 2e^{2x} - e^x(x^2 + 3x + 5/2)$.

(5) 基本解は $e^{-x}\cos x, e^{-x}\sin x$. $y_p(x) = e^{-x}(x^2 - 2)$. $y(0) = -1, y'(0) = 1$ より, 求める解は $y(x) = (\cos x + x^2 - 2)e^{-x}$.

問 3 (1) (十分性) λ^3 の係数が 1 で, $P(0) = c > 0$ だから, 少なくとも 1 つ負の実根を持つ. それを $-\alpha$ と記す ($\alpha > 0$). 因数定理により, $P(\lambda) = (\lambda+\alpha)(\lambda^2+\beta\lambda+\gamma)$ と分解される. 根と係数の関係により

$$\alpha + \beta = a, \quad \alpha\beta + \gamma = b, \quad \alpha\gamma = c.$$

したがって, $\gamma > 0$. さらに $\beta > 0$ もしたがう. なぜなら, もし $\beta \leq 0$ なら, $\alpha \geq a, \gamma \geq b$ となり, よって $ab \leq \alpha\gamma = c$ となり条件に反するから. β, γ が正だから, $\lambda^2 + \beta\lambda + \gamma = 0$ の 2 根も負の実部をもつ.
(必要性) $P(\lambda)$ は少なくとも 1 つ実根をもつから, 実数の範囲で $P(\lambda) = (\lambda+\alpha)(\lambda^2+\beta\lambda+\gamma)$ と分解される. 条件より, $\alpha > 0$. また, $\lambda^2 + \beta\lambda + \gamma = 0$ は 2 根とも負の実部をもつから, $\beta > 0, \gamma > 0$. 根と係数の関係より, $ab = (\alpha + \beta)(\alpha\beta + \gamma) > \alpha\gamma = c$.

(2) 特性方程式 $P(\lambda) = 0$ は (a) 互いに異なる負の 3 実根 $\lambda_1, \lambda_2, \lambda_3$ をもつか, (b) 負の単根 λ_1 と負の 2 重根 λ_2 をもつか, (c) 負の 3 重根 λ_1 をもつか, あるいは (d) 負の実根 λ_1 と実部が負の互いに共役な複素根 $\alpha \pm i\beta$ をもつ. (a) の場合, 基本解は $e^{\lambda_i x}$, $\lambda = 1, 2, 3$ だから, 一般解が $\lim_{x \to +\infty} y(x) = 0$ を満たす. (b) の場合は, $e^{\lambda_1 x}, e^{\lambda_2 x}, xe^{\lambda_2 x}$ が基本解であり, (c) の場合は, $e^{\lambda_1 x}, xe^{\lambda_1 x}, x^2 e^{\lambda_1 x}$ が基本解であり, (d) の場合, $e^{\lambda_1 x}, e^{\alpha x}\cos\beta x, e^{\alpha x}\sin\beta x$ が基本解である. いずれの場合も示すべき性質をもつことが容易に確かめられる.

§2.6

問1 方程式は例1と同じ．したがって，一般解は $x(t) = A\cos\omega_0 t + B\sin\omega_0 t$．初期条件より，$x(0) = A = 0$, $\dot{x}(0) = B\omega_0 = v_0$. よって解は $x(t) = (v_0/\omega_0)\sin\omega_0 t$. つまり，振幅 v_0/ω_0, 振動数 $\omega_0/2\pi$ で単振動する．

問2 流れる電流を $I(t)$ で表す．キルヒホフの法則より，$RI + Q/C = V$. $I = dQ/dt$ だから，$RdQ/dt + Q/C = V$. 初期条件 $Q(0) = 0$ を満たす解は $Q(t) = CV(1 - e^{-t/RC})$. 時間が経てば，$Q(t)$ は一定値 CV に近づく．

問3 流れる電流を $I(t)$ で表す．キルヒホフの法則より，$L\dot{I} + RI + Q/C = A\sin\omega_0 t$. $I = \dfrac{dQ}{dt}$ だから，方程式は $L\dfrac{d^2Q}{dt^2} + R\dfrac{dQ}{dt} + Q/C = A\sin\omega t$. $m \to L, a \to R, k \to 1/C, kh \to A, x \to Q$ とすれば，例4と全く同じ．したがって，$R^2 < 4L/C$ のときは，$p = -L\omega^2 + 1/C, q = R\omega, \alpha = R/2L, \beta = \sqrt{4L/C - R^2}/2L$ とおくと，解は $Q(t) = \dfrac{A}{p^2 + q^2}(p\sin\omega t - q\cos\omega t) + \dfrac{Aq}{p^2 + q^2}e^{-\alpha t}\cos\beta t + \dfrac{A(q\alpha - p\omega)}{(p^2 + q^2)\beta}e^{-\alpha t}\sin\beta t$. $\alpha > 0$ なので，時間が経てば，第2, 3項の影響はなくなる．第1項は $\dfrac{A}{\sqrt{p^2 + q^2}}\sin(\omega t - \theta), \tan\theta = q/p$ と表せる．$R^2 \geqq 4L/C$ のときについては省略．

§2.7

問1 (1) 一般解は，$y(x) = -\sin x + C_1 x + C_2$. 境界条件より，$C_1 = \dfrac{2}{\pi}, C_2 = 0$. 求める解は，$y(x) = -\sin x + \dfrac{2}{\pi}x$.

(2) 一般解は，$y(x) = C_1 e^x + C_2 e^{-x} + \dfrac{1}{2}xe^x$. 境界条件より，$C_1 = -C_2 = -\dfrac{e}{e + e^{-1}}$. 求める解は，$y(x) = -\dfrac{e}{e + e^{-1}}e^x + \dfrac{e}{e + e^{-1}}e^{-x} + \dfrac{1}{2}xe^x$.

(3) 一般解は，$y(x) = C_1 e^x + C_2 e^{-x} + \dfrac{1}{2}\left(e^x\int_0^x e^{-t}f(t)\,dt - e^{-x}\int_0^x e^t f(t)\,dt\right)$. 境界条件より，$C_1 = -C_2 = -\dfrac{1}{2(e + e^{-1})}\int_0^1 (e^{1-t} + e^{-1+t})f(t)\,dt$. 求め

る解は，
$$y(x) = \frac{1}{2}e^x \left(\int_0^x e^{-t} f(t)\,dt - \frac{1}{e+e^{-1}} \int_0^1 (e^{1-t}+e^{-1+t})f(t)\,dt \right)$$
$$- \frac{1}{2}e^{-x} \left(\int_0^x e^t f(t)\,dt - \frac{1}{e+e^{-1}} \int_0^1 (e^{1-t}+e^{-1+t})f(t)\,dt \right).$$

問2 (1) $\lambda < 0$ のとき．一般解 $y(x) = C_1 e^{\sqrt{-\lambda}x} + C_2 e^{-\sqrt{-\lambda}x}$. 境界条件より，$C_1 = C_2 = 0$.

$\lambda = 0$ のとき．一般解 $y(x) = C_1 x + C_2$. 境界条件より，$C_1 = 0$. 固有値は 0, 固有関数は 1.

$\lambda > 0$ のとき．一般解 $y(x) = C_1 \cos\sqrt{\lambda}x + C_2 \sin\sqrt{\lambda}x$. 境界条件より，$C_1 \sin\sqrt{\lambda} = 0, C_2 = 0$. $\sqrt{\lambda} = n\pi$ $(n = 1, 2, \cdots)$. 固有値 $\lambda = (n\pi)^2$, 固有関数は，$\cos n\pi x$.

結局，固有値 $\lambda = (n\pi)^2$, 固有関数は $\cos n\pi x$ $(n = 0, 1, 2, \cdots)$.

(2) $\lambda < 0$ のとき．一般解 $y(x) = C_1 e^{\sqrt{-\lambda}}x + C_2 e^{-\sqrt{-\lambda}}x$. 境界条件より，$C_1 = C_2 = 0$.

$\lambda = 0$ のとき．一般解 $y(x) = C_1 x + C_2$. 境界条件より，$C_1 = C_2 = 0$.

$\lambda > 0$ のとき．一般解 $y(x) = C_1 \cos\sqrt{\lambda}x + C_2 \sin\sqrt{\lambda}x$. 境界条件より，$C_1 \cos\sqrt{\lambda} = 0, C_2 = 0$. $\sqrt{\lambda} = (n-1/2)\pi$ $(n = 1, 2, \cdots)$.

固有値 $\lambda = (n-1/2)^2 \pi^2$, 固有関数は，$\cos(n-1/2)\pi x$. $(n = 1, 2, \cdots)$

問3 $0 = \int_0^1 y(-y'' + \lambda y)\,dx = -(y(1)y'(1) - y(0)y'(0)) + \int_0^1 ((y')^2 + \lambda y^2)\,dx = \int_0^1 ((y')^2 + \lambda y^2)\,dx$. $\lambda > 0$ ならば，$y'(x) = y(x) = 0$. $\lambda = 0$ ならば，$y'(x) = 0$. したがって，$y(x) = C$. 境界条件より $y(x) = C = 0$.

§3.1

問1 $x(t) = C_1 e^t - C_2 e^{-2t}, y(t) = C_2 e^{-2t}$ を方程式に代入すると $dx/dt = x + 3y = C_1 e^t + 2C_2 e^{-2t}, dy/dt = -2y = -2C_2 e^{-2t}$.

問2 (1) $x(t) = C_1 e^t + C_2 e^{4t}, y(t) = -C_1 e^t + 2C_2 e^{4t}$.

(2) $x(t) = C_1 + C_2 t + e^t, y(t) = -C_1 + C_2 - C_2 t$.

(3) $x(t) = C_1 e^{-t} + C_2 t e^{-t}, y(t) = C_2 e^{-t}$.

§3.2

問1 (1) 固有値は，1 と 4，固有値 1,4 に対応する 固有ベクトルは，それぞれ $^t(1,-1)$, $^t(1,2)$. 解は, $x_1(t) = e^{4t}, x_2(t) = 2e^{4t}$.

(2) 固有値は，1 と -1，固有値 1,-1 に対応する 固有ベクトルは，それぞれ $^t(3,1), ^t(1,1)$. 解は, $x_1(t) = 3e^t, x_2(t) = e^t$.

(3) 固有値は，-1 と 3，固有値 $-1,3$ に対応する 固有ベクトルは，それぞれ $^t(1,1), ^t(1,-1)$. 解は, $x_1(t) = 2e^{-t} + e^{3t}, x_2(t) = 2e^{-t} - e^{3t}$.

(4) 固有値は，i と $-i$，固有値 i に対応する 固有ベクトルは，$^t(2, 1-i)$. 解は, $x_1(t) = \cos t + 3\sin t, x_2(t) = 2\sin t - \cos t$.

(5) 固有値は，$2+i$ と $2-i$，固有値 $2+i$ に対応する 固有ベクトルは，$^t(1+i, 1)$. 解は, $x_1(t) = e^{2t}(\cos t + 3\sin t), x_2(t) = e^{2t}(2\sin t - \cos t)$.

(6) 固有値は，1 と 2 と 3，固有値 1, 2, 3 に対応する 固有ベクトルは，それぞれ $^t(-2,-2,1), ^t(3,1,0), ^t(2,0,1)$. 解は, $x_1(t) = 3e^{2t} + 2e^{3t}, x_2(t) = e^{2t}, x_3(t) = e^{3t}$.

(7) 固有値は，-1 と 1 と 2，固有値 $-1, 1, 2$ に対応する 固有ベクトルは，それぞれ $^t(1,0,1), ^t(2,1,1), ^t(1,-1,1)$. 解は, $x_1(t) = -e^{-t} + 2e^t + 2e^{2t}, x_2(t) = e^t - 2e^{2t}, x_3(t) = -e^{-t} + e^t + 2e^{2t}$.

(8) 固有値は，-1 と $-1 \pm i$，固有値 $-1, -1+i$ に対応する 固有ベクトルは，それぞれ $^t(1,0,0), ^t(0, 2-i, 1)$. 解は, $x_1(t) = 2e^{-t}, x_2(t) = e^{-t}(2\cos t + \sin t), x_3(t) = e^{-t} \cos t$.

(9) 固有値は，1 と $1 \pm i$，固有値 $1, 1+i$ に対応する 固有ベクトルは，それぞれ $^t(0,1,0), ^t(1,0,i)$. 解は, $x_1(t) = e^t(\cos t + \sin t), x_2(t) = e^t, x_3(t) = e^t(\cos t - \sin t)$.

(10) 固有値は，-2 と $\pm\sqrt{2}i$，固有値 $-2, \sqrt{2}i$ に対応する 固有ベクトルは，それぞれ $^t(1,0,0), ^t(4+\sqrt{2}i, 6+6\sqrt{2}i, -6)$. 解は, $x_1(t) = e^{-2t} + \cos\sqrt{2}t + \frac{1}{\sqrt{2}}\sin\sqrt{2}t, x_2(t) = 3\cos\sqrt{2}t, x_3(t) = -\cos\sqrt{2}t - \sqrt{2}\sin\sqrt{2}t$.

§3.3

問1 (1) 平衡点は $(x,y) = (1,-1)$. ヤコビ行列の固有値は $1 \pm 3i$. $X = x-1, Y = y+1$ とおくと, $dX/dt = X - 3Y, dY/dt = 3X + Y$. これを2節の方法で解くと, $x = 1 + (C_1 \cos 3t + C_2 \sin 3t)e^t, y = -1 + (C_1 \sin 3t - C_2 \cos 3t)e^t$. 渦状点になる.

(2) 平衡点は $(x,y) = (0,0)$. ヤコビ行列の固有値は 0(重複固有値). 相軌道は $dy/dx = (-x^2 + y^2)/(2xy)$. これは同次形であり, 解は $x^2 + y^2 = Cx$. すべての相軌道は原点で y 軸に接する.

(3) 平衡点は $(x,y) = (0,0)$. ヤコビ行列の固有値は $\pm\sqrt{2}i$. 相軌道は $\dfrac{dy}{dx} = (-x-y^2)/(2y)$. これは $(y^2)' + y^2 = -x$ と書けるから, y^2 について線形であり, 解は $(y^2 + x - 1)e^x = C$. 図を描くのは容易ではないが, 原点は渦心点となる.

問2 $\dfrac{dx}{dt} = p$ とおく. 方程式は $\dfrac{dp}{dt} - 2xp = 0$. したがって, $\dfrac{dp}{dx} = 2x$. $x = 0$ で $p = 1$ だから, $p = x^2 + 1$. したがって, 解は $x = \tan t$.

問3 $\dfrac{dx}{dt} = p$ とおく. 方程式は $\dfrac{dp}{dt} + \sin x = 0$. したがって, $\dfrac{dp}{dx} = -\dfrac{\sin x}{p}$. $x = 0$ で $p = 1$ だから, $p^2 + 1 = 2 \cos x$. これが相軌道. $2 \cos x - 1 = p^2 \geq 0$ だから, $|x| \leq \pi/3$ の範囲を動く.

問4 (1) 方程式は $(yy')' = 1$ と書ける. よって, $yy' = x + C_1$. これは変数分離形だから, $\dfrac{1}{2}y^2 = \dfrac{1}{2}x^2 + C_1 x + C_2$.

(2) 方程式は $(y'/y)' = 6x$ と書ける. よって, $y'/y = x^2/3 + C_1$. これは変数分離形だから, $\log|y| = x^3/9 + C_1 x + C_2$. $C = \pm e^{C_2}$ とおくと, $y = Ce^{x^3 + C_1 x}$.

§3.4

問1 $D^3 x = -Dy = x$ より, $(D^3 - 1)x = 0$. x を求め, 次に第1式に代入して y を求める.

$$x = C_1 e^t + C_2 e^{-t/2} \cos \frac{\sqrt{3}t}{2} + C_3 e^{-t/2} \sin \frac{\sqrt{3}t}{2}$$

$$y = -C_1 e^t + \frac{C_2 + \sqrt{3}C_3}{2} e^{-t/2} \cos \frac{\sqrt{3}t}{2} + \frac{C_3 - \sqrt{3}C_2}{2} e^{-t/2} \sin \frac{\sqrt{3}t}{2}$$

問 2　$a = R/L, b = 1/(LC), D = d/dt$ と記す.

$$D \begin{pmatrix} Q \\ I_1 \\ I_2 \end{pmatrix} + \begin{pmatrix} 0 & 1 & -1 \\ -b & 0 & 0 \\ b & 0 & a \end{pmatrix} \begin{pmatrix} Q \\ I_1 \\ I_2 \end{pmatrix} = \begin{pmatrix} 0 \\ U_1/L \\ 0 \end{pmatrix}$$

特性方程式は

$$P(\lambda) = \begin{vmatrix} \lambda & 1 & -1 \\ -b & \lambda & 0 \\ b & 0 & a+\lambda \end{vmatrix} = \lambda^3 + a\lambda^2 + 2b\lambda + ab.$$

3根とも実部は負だから, $t \to +\infty$ のとき, 余関数は0に収束する. したがって, 特殊解が定常解になる. $U_1 = u_1 e^{i\omega t}$ のときの特殊解を $(Q, I_1, I_2) = (C_0, C_1, C_2)e^{i\omega t}$ の形で求める. 方程式に代入して

$$\begin{pmatrix} i\omega & 1 & -1 \\ -b & i\omega & 0 \\ b & 0 & a+i\omega \end{pmatrix} \begin{pmatrix} C_0 \\ C_1 \\ C_2 \end{pmatrix} = \begin{pmatrix} 0 \\ u_1/L \\ 0 \end{pmatrix}.$$

この式を解けば, とくに, $C_2 = bu_1/(LP(i\omega))$ となり, $I_{2,p} = u_1 e^{i\omega t}/(L^2 C P(i\omega))$ が得られる.

問 3　$I_1(t) = I_{ab}(t), I_2(t) = I_{bc}(t)$ とおく. また, 電源側のコンデンサーの電荷を $Q_1(t)$, 抵抗側のコンデンサーの電荷を $Q_2(t)$ と表す. すると

$$\frac{Q_1}{C} + \frac{Q_2}{C} + RI_2 = U_1(t), \quad L\frac{d}{dt}(I_2 - I_1) + \frac{Q_2}{C} + RI_2 = 0$$

$$\frac{dQ_1}{dt} = I_1, \quad \frac{dQ_2}{dt} = I_2$$

$D = d/dt$ と表し, $I_1(t)$ を消去すると,

$$\left(RCLD^3 + 2LD^2 + RD + \frac{1}{C}\right)I_2 = -iCL\omega^3 u_1 e^{i\omega t}$$

特性方程式 $P(\lambda) = RCL\lambda^3 + 2L\lambda^2 + R\lambda + 1/C = 0$ のすべての根は負の実部を持つ (2.5 節の問 3 参照). $t \to +\infty$ のとき, 余関数は0に収束する. 特殊解を $I_{2,p}$ で表す. $P(i\omega) = -iRCL\omega^3 - 2L\omega^2 + iR\omega + 1/C = Ae^{i\theta}$ とおくと, $-i = e^{-\pi i/2}$ なので, 定常出力は

$$RI_{2,p} = \frac{-iRCL\omega^3 u_1}{P(i\omega)} e^{i\omega t} = \frac{RCL\omega^3 u_1}{A} e^{i(\omega t - \theta - \pi/2)}$$

ここで，
$$A = \sqrt{(\frac{1}{C} - 2L\omega^2)^2 + (R\omega - RCL\omega^3)^2}, \quad \theta = \tan^{-1} \frac{R\omega - RCL\omega^3}{1/C - 2L\omega^2}.$$
振動数 ω が小さいと $RCL\omega^3 u_1/A \simeq 0$ となり，出力はほとんど 0 になる．振動数が大きいと，$RCL\omega^3 u_1/A \simeq u_1$ かつ $\theta \simeq -\pi/2$，となり，電源電圧はほとんどそのまま出力される．

問 4 キルヒホフの第 2 法則より，
$$L_1 \frac{dI_1}{dt} + M \frac{dI_2}{dt} + R_1 I_1 - U_1(t) = 0$$
$$L_2 \frac{dI_2}{dt} + M \frac{dI_1}{dt} + R_2 I_2 + R I_2 = 0$$

$D = d/dt$ と表し，I_1 を消去すると

$$\{(L_1 L_2 - M^2) D^2 + (R_1 L_2 + (R + R_2) L_1) D + R_1 (R + R_2)\} I_2 = -MDU_1(t)$$

特性方程式

$$P(\lambda) = (L_1 L_2 - M^2) \lambda^2 + (R_1 L_2 + (R + R_2) L_1) \lambda + R_1 (R + R_2) = 0$$

の根の実部は負であるから，$t \to +\infty$ のとき余関数は 0 に収束する．したがって，入力 $U_1(t) = u_1 e^{i\omega t}$ に対する定常出力は

$$\frac{-iRM\omega u_1}{P(i\omega)} e^{i\omega t} = \frac{RM\omega u_1}{A} e^{i(\omega t - \theta - \pi/2)}$$

で与えられる．ここで，$P(i\omega) = Ae^{i\theta}$ で，

$$A = \sqrt{(R_1 L_2 + (R + R_2) L_1)^2 \omega^2 + (R_1 (R + R_2) - (L_1 L_2 - M^2) \omega^2)^2}$$
$$\theta = \tan^{-1} \frac{(R_1 L_2 + (R + R_2) L_1) \omega}{R_1 (R + R_2) - (L_1 L_2 - M^2) \omega^2}$$

今，$L_1 L_2 - M^2 \simeq 0, R_1 \simeq R_2 \simeq 0$ の理想的な変圧器を考えると $A \simeq RL_1 \omega$，$\theta \simeq -\pi/2$ だから，入出力の振幅比は $RM\omega/A \simeq M/L_1 \simeq \sqrt{L_2/L_1}$ となり，位相の差はほとんどない．$L_2/L_1 > 1$ なら，電圧を上げ，逆なら下げる変圧器となる．

問 5　右向きを正の向きとする．左側および右側の物体の，静止状態からの変位をそれぞれ $x_1(t), x_2(t)$ で表すと

$$m\ddot{x}_1 = k(x_2 - x_1), \quad m\ddot{x}_2 = -k(x_2 - x_1)$$

$$x_1(0) = 0, \quad \dot{x}_1(0) = 1, \quad x_2(0) = \dot{x}_2(0) = 0$$

$\omega_0 = \sqrt{2k/m}$ とおく．$x_1(t) = \frac{1}{2}t + \frac{1}{2\omega_0}\sin\omega_0 t$, $x_2(t) = \frac{1}{2}t - \frac{1}{2\omega_0}\sin\omega_0 t$

2 つの物体は $x = t/2$ を中心に反対方向に単振動する．振動の周期は $2\pi\sqrt{m/2k}$, 振幅は $\sqrt{m/8k}$.

§4.1

問 1　(1) $\dfrac{s}{s^2+\omega^2}$　(2) $\dfrac{1}{(s-a)^2}$　(3) $\dfrac{\omega}{(s-a)^2+\omega^2}$, $\dfrac{s-a}{(s-a)^2+\omega^2}$
(4) $\dfrac{n!}{s^{n+1}}$　(5) $\dfrac{2\omega s}{(s^2+\omega^2)^2}$, $\dfrac{s^2-\omega^2}{(s^2+\omega^2)^2}$　(6) $\dfrac{\omega}{s^2+\omega^2}\cos\theta + \dfrac{s}{s^2+\omega^2}\sin\theta$
(7) $\dfrac{2(s^2+2\omega^2)}{s(s^2+4\omega^2)}$　(8) $\dfrac{2\pi}{s^2+(2\pi)^2}\dfrac{1}{1-e^{-s/2}}$

問 2　$L[f_\varepsilon] = -\dfrac{1}{\varepsilon s}(e^{-\varepsilon s}-1)$. $\lim_{\varepsilon\to 0}L[f_\varepsilon] = -\lim_{\varepsilon\to 0}\dfrac{e^{-\varepsilon s}-1}{\varepsilon s} = 1$.

§4.2

問 1　(1) $\dfrac{1}{4}te^{2t}$.　(2) $e^t\left(\cos t + \dfrac{3}{2}\sin t\right)$.　(3) $1 - \cos t$.
(4) $\dfrac{1}{3}(\cos t - \cos 2t)$.　(5) $\dfrac{1}{2}e^t + \dfrac{1}{4}te^t - \dfrac{1}{2}e^{3t} + \dfrac{3}{4}te^{3t}$.

問 2　$F(s) = \dfrac{1}{8}\dfrac{1}{s^2+4} - \dfrac{1}{8}\dfrac{s^2-4-16s}{(s^2+4)^2}$. $L^{-1}[F] = \dfrac{1}{16}\sin 2t - \dfrac{1}{8}t\cos 2t + \dfrac{1}{2}t\sin 2t$.

§4.3

問 1　(1) $Y(s) = \dfrac{1}{s-1} - \dfrac{2}{s-2} + \dfrac{1}{(s-2)^2}$. $y(t) = e^t - 2e^{2t} + te^{2t}$.
(2) $Y(s) = \dfrac{1}{2}\dfrac{1}{s-1} - \dfrac{1}{2}\dfrac{1}{s+1} + \dfrac{1}{s+2}$. $y(t) = \dfrac{1}{2}e^t - \dfrac{1}{2}e^{-t} + e^{-2t}$.
(3) $Y(s) = \dfrac{1}{2}\dfrac{1}{s} + \dfrac{1}{2}\dfrac{s+1}{(s+1)^2+1} - \dfrac{1}{2}\dfrac{1}{(s+1)^2+1}$. $y(t) = \dfrac{1}{2} + \dfrac{1}{2}e^{-t}\cos t - \dfrac{1}{2}e^{-t}\sin t$.

(4) $Y(s) = -\dfrac{2}{s} + \dfrac{1}{s^2} + \dfrac{2}{s+1} + \dfrac{2}{(s+1)^2}$. $y(t) = -2 + t + 2e^{-t} + 2te^{-t}$.

(5) $Y(s) = \dfrac{1}{3}\dfrac{s+1}{(s+1)^2+1} + \dfrac{1}{(s+1)^2+1} - \dfrac{1}{3}\dfrac{s+1}{(s+1)^2+4}$. $y(t) = \dfrac{1}{3}e^{-t}\cos t + e^{-t}\sin t - \dfrac{1}{3}e^{-t}\cos 2t$.

(6) $Y(s) = 2\dfrac{s+2}{(s+2)^2+1} + 3\dfrac{1}{(s+2)^2+1} - \dfrac{1}{s+1} + \dfrac{1}{(s+1)^2}$. $y(t) = e^{-2t}(2\cos t + 3\sin t) + e^{-t}(t-1)$.

(7) $Y(s) = \dfrac{1}{s} + \dfrac{1}{s^2} + \dfrac{1}{s^2}F(s)$. $y(t) = 1 + t + t * f(t)$.

(8) $Y(s) = \dfrac{-s+2}{s^2+1} + \dfrac{1}{s^2+1}F(s)$. $y(t) = -\cos t + 2\sin t + \sin t * f(t)$.

問 2 $p^2 - 4q > 0$ のとき, λ_1, λ_2 ($\lambda_1 > \lambda_2$) を $s^2 + ps + q = 0$ の 2 実根とすると,
$\dfrac{1}{s^2+ps+q} = \dfrac{1}{\sqrt{p^2-4q}}\left(\dfrac{1}{s-\lambda_1} - \dfrac{1}{s-\lambda_2}\right)$. 逆変換は $\dfrac{1}{\sqrt{p^2-4q}}(e^{\lambda_1 t} - e^{\lambda_2 t})$.

$p^2 - 4q = 0$ のとき, $\dfrac{1}{s^2+ps+q} = \dfrac{1}{(s+p/2)^2}$. 逆変換は $te^{-pt/2}$.

$p^2 - 4q < 0$ のとき, $\dfrac{1}{s^2+ps+q} = \dfrac{1}{\sqrt{q-p^2/4}}\dfrac{\sqrt{q-p^2/4}}{(s+p/2)^2+q-p^2/4}$. 逆変換は $\dfrac{1}{\sqrt{q-p^2/4}}e^{-pt/2}\sin\sqrt{q-\dfrac{p^2}{4}}t$.

問 3 (1) $x_1(t) = e^{4t}$, $x_2(t) = 2e^{4t}$

(2) $x_1(t) = 3e^t$, $x_2(t) = e^t$

(3) $x_1(t) = 2e^{-t} + e^{3t}$, $x_2(t) = 2e^{-t} - e^{3t}$

(4) $x_1(t) = e^t(\cos 2t - 2\sin 2t)$, $x_2(t) = -e^t(2\cos 2t + \sin 2t)$

(5) $x_1(t) = \cos t + 3\sin t$, $x_2(t) = -\cos t + 2\sin t$

(6) $x_1(t) = e^{2t}(\cos t + 3\sin t)$, $x_2(t) = e^{2t}(-\cos t + 2\sin t)$

(7) $x_1(t) = 3e^{2t} + 2e^{3t}$, $x_2(t) = e^{2t}$, $x_3(t) = e^{3t}$

(8) $x_1(t) = 2 + e^t - 2e^{-t}$, $x_2(t) = 2 + e^t - e^{-t}$, $x_3(t) = 1 - 2e^{-t}$

(9) $x_1(t) = 2e^t + 2e^{2t} - e^{-t}$, $x_2(t) = e^t - 2e^{2t}$, $x_3(t) = e^t + 2e^{2t} - e^{-t}$

(10) $x_1(t) = 2e^{-t}$, $x_2(t) = e^{-t}(2\cos t + \sin t)$, $x_3(t) = e^{-t}\cos t$

(11) $x_1(t) = e^t(\cos t + \sin t)$, $x_2(t) = e^t$, $x_3(t) = e^t(\cos t - \sin t)$

(12) $x_1(t) = e^{-2t} + \cos\sqrt{2}t + \dfrac{1}{\sqrt{2}}\sin\sqrt{2}t$, $x_2(t) = 3\cos\sqrt{2}t$, $x_3(t) = -\cos\sqrt{2}t - \sqrt{2}\sin\sqrt{2}t$

§4.4

問 1 デルタ関数の定義より

$$\int_{-\infty}^{\infty} \delta(t)f(t)dt = \lim_{\varepsilon \to +0} \frac{1}{\varepsilon} \int_0^{\varepsilon} f(t)dt = f(0).$$

問 2 $f(t)$ を a だけ移動し，$t < a$ では 0 として得られる関数が $f(t-a)H(t-a)$ である．

$$L[f(t-a)H(t-a)] = \int_a^{+\infty} f(t-a)e^{-s(t-a)-as}dt = F(s)e^{-as}.$$

問 3 (1) $\delta(t-t_0)$ は $\delta(t)$ を t_0 だけ平行移動したものであるから，対応する応答はインパルス応答を t_0 平行移動したものである．ただし，初期値は 0 だから，$0 < t < t_0$ では $y = 0$．したがって，$y = e(t-t_0)H(t-t_0)$ が求める応答であろう．実際，方程式の両辺をラプラス変換して $(as^2+bs+c)L[y] = e^{-t_0 s}$ だから，問 2 より

$$y = L^{-1}\left[\frac{1}{as^2+bs+c}e^{-t_0 s}\right]$$
$$= L^{-1}\left[\frac{1}{as^2+bs+c}\right](t-t_0)H(t-t_0) = e(t-t_0)H(t-t_0)$$

(2) $f(t) = H(t-t_0)$ のときも同様にして，$y = r(t-t_0)H(t-t_0)$.

問 4 初期値を 0 として，両辺を Laplace 変換すると，

$$(s^2 + 2\zeta\omega_0 s + \omega_0{}^2)X(s) = F(s).$$

特性方程式 $s^2 + 2\zeta\omega_0 s + \omega_0{}^2 = 0$ の根は $\omega_0(-\zeta \pm \sqrt{\zeta^2-1})$．インパルス応答を $e(t)$，ステップ応答を $r(t)$ で表す．

(i) $\zeta > 1$ のとき，$\lambda_1 = \omega_0(-\zeta + \sqrt{\zeta^2-1})$，$\lambda_2 = \omega_0(-\zeta - \sqrt{\zeta^2-1})$ と記すと，

$$e(t) = \frac{1}{\lambda_1 - \lambda_2}(e^{\lambda_1 t} - e^{\lambda_2 t}),$$
$$r(t) = \frac{1}{\omega_0{}^2} + \frac{1}{\lambda_1(\lambda_1 - \lambda_2)}e^{\lambda_1 t} + \frac{1}{\lambda_2(\lambda_2 - \lambda_1)}e^{\lambda_2 t}.$$

(ii) $\zeta = 1$ のとき，

$$e(t) = te^{-\omega_0 t}, \quad r(t) = \frac{1}{\omega_0{}^2} - \frac{1}{\omega_0{}^2}(1 + \omega_0 t)e^{-\omega_0 t}.$$

(iii) $0 < \zeta < 1$ のとき,
$$e(t) = \frac{1}{\omega_0 \sqrt{1-\zeta^2}} e^{-\zeta \omega_0 t} \sin \omega_0 \sqrt{1-\zeta^2}\, t,$$
$$r(t) = \frac{1}{\omega_0^2} - \frac{1}{\omega_0^2} e^{-\zeta \omega_0 t} \left(\cos \omega_0 \sqrt{1-\zeta^2}\, t + \frac{\zeta}{\sqrt{1-\zeta^2}} \sin \omega_0 \sqrt{1-\zeta^2}\, t \right)$$

問 5 図は省略.

(1)
$$L[f(t)] = \sum_{j=0}^{3} (-1)^j L[H(t-j)] = \frac{1}{s}\{1 - e^{-s} + e^{-2s} - e^{-3s}\}.$$

(2) 整数 j に対し, $H(t-j)\sin\pi t = (-1)^j H(t-j)\sin\pi(t-j)$ だから,
$$L[g(t)] = \sum_{j=0}^{3} L[H(t-j)\sin\pi(t-j)t]$$
$$= \frac{\pi}{s^2+\pi^2}\{1 + e^{-s} + e^{-2s} + e^{-3s}\}.$$

問 6 まず, $f(t) = H(t)$ のときの応答, つまりステップ応答 $r(t)$ を求める. $L[H] = 1/s$ だから, $(s^2 + 4s + 3)L[r] = 1/s$. 逆変換して
$$r(t) = \frac{1}{3} - \frac{1}{2}e^{-t} + \frac{1}{6}e^{-3t}$$

$f(t) = H(t-1)$ のときの応答は問 3 より, $r(t-1)H(t-1)$. したがって, 求める応答は
$$y(t) = \begin{cases} \dfrac{1}{3} - \dfrac{1}{2}e^{-t} + \dfrac{1}{6}e^{-3t}, & 0 < t < 1 \\ -\dfrac{1}{2}e^{-t}(1-e) + \dfrac{1}{6}e^{-3t}(1-e^3), & t > 1 \end{cases}$$

□ さくいん

◆あ
一意性定理, 44
1 パラメータ曲線群, 40
一般解, 2, 45, 47, 65, 88
インパルス応答, 135
演算子法, 65
オイラーの微分方程式, 53
オイラー法, 29

◆か
解の一意性, 52
重ね合わせの原理, 46
完全形の微分方程式, 24
基本解, 47
境界条件, 85
境界値問題, 85
減衰振動, 78
合成積, 73
合成績, 116
固有値, 92
固有値問題, 86
固有ベクトル, 92

◆さ
消去法, 88
初期条件, 2, 45
初期値問題, 2, 45
ステップ応答, 135
斉次方程式, 46
線形方程式, 14

相軌道, 98

◆た
逐次近似法, 42
直交曲線, 41
定常解, 55
定数変化法, 14, 54
デルタ関数, 134
電気回路, 75
等傾斜線法, 29
同次形の方程式, 6
特殊解, 15, 54, 65
特性根, 47
特性方程式, 47

◆は
ばねによる振動, 74
非斉次方程式, 46
平衡点, 98
ヘビサイド関数, 134
ベルヌーイの方程式, 15
変数分離形の方程式, 6

◆や
余関数, 54, 65

◆ら
リッカチの方程式, 16
ロンスキアン, 48

執筆者

定松　隆　元愛媛大学工学部教授

猪狩勝寿　元愛媛大学工学部教授

微分方程式の解法（びぶんほうていしき かいほう）

1999年 4月10日	第1版	第1刷	発行
2000年 4月10日	第2版	第1刷	発行
2018年10月20日	第2版	第8刷	発行

著　者　定松　隆（さだまつ たかし）
　　　　猪狩勝寿（いがり かつじゅ）

発行者　発田和子

発行所　株式会社　学術図書出版社

〒113-0033　東京都文京区本郷 5-4-6
TEL 03〈3811〉0889　振替 00110-4-28454

印刷　サンパートナーズ（株）

定価はカバーに表示してあります．

本書の一部または全部を無断で複写（コピー）・複製・転載することは，著作権法で認められた場合を除き，著作者および出版社の権利の侵害となります．あらかじめ小社に許諾を求めてください．

© 1999, 2000　T. SADAMATSU, K. IGARI　Printed in Japan
ISBN978-4-87361-231-7　C3041